아름다운·떡·한과·음청류

한식디저트

김덕희
강시화
이여진
이인영
공저

백산출판사

　떡·한과·음청류는 오랜 역사와 함께 전통음식으로서 식문화의 중요한 한 부분을 차지하고 있으며 특히 통과의례, 관혼상제, 손님맞이 등 행사에 반드시 등장하는 음식입니다. 아이가 태어나서 백일이 되면 순수무구를 축하하는 의미로 백설기를 나누어 먹고 첫돌 때에는 장수복록을 기원하며 돌상에 떡을 차립니다. 성인이 되어 혼례를 치를 때에도 떡과 한과를 이바지음식이나 잔칫상에 올리고 회갑연 때에는 큰상을 차려서 갖은 편과 한과를 올려 축하를 했습니다. 생을 마친 후에도 제사상을 차려 고인을 추모하는 데 떡·한과·음청류를 사용합니다. 떡·한과·음청류는 우리의 일생을 통하여 뗄 수 없이 밀접하게 엮여 있습니다.

　귀한 손님이 왔을 때 만들어두었던 한과로 접대를 하고 명절에는 그 계절에 많이 나는 재료로 떡과 한과를 만들어 즐겼으며 이사를 가거나 개업을 할 때에는 귀신이 피한다는 붉은색의 팥시루떡을 만들어 액을 미리 막고 이것을 나누어 먹음으로써 이웃 간의 정을 나누었습니다.

　한 나라의 음식 수준은 그 나라의 사회·문화 및 경제적 성장에 맞추어 변화합니다. 우리나라도 아름다운 한식 디저트문화가 상품화되어 국내외에서 인지도를 높여 음식 산업뿐 아니라 관광 및 수출에도 기여할 수 있는 가능성이 매우 높습니다.

　문화적인 다양성 속에서 고유의 맛과 멋을 지키고 다른 문화를 접할 때 세계화를 향한 경쟁력과 함께 문화적인 역동성이 생기는 것입니다. 즉 전통의 맛은 그대로 유지하면서 시대 변화에 맞는 멋스러움은 갖추는 것이 한식의 세계화라고 생각합니다.

이 시대의 현대적 사고와 미각에 맞는 새로운 떡·한과·음청류를 학생들에게 전달하고자 항상 연구합니다. 그러나 기술을 배우는 것 못지않게 무엇보다 우리의 것을 소중히 여기고 긍지와 자부심을 갖는 것이 먼저라고 생각합니다. 그런 의미에서 이 책이 우리 음식의 기본이 되는 떡·한과·음청류 만드는 법을 익히는 기본적인 지침서가 되었으면 하는 바람입니다.

이 책의 출판을 위해 물심양면으로 수고를 아끼지 않으신 백산출판사 진욱상 사장님과 편집자분들께 깊은 감사를 드립니다.

저자 일동

이론

Ⅰ. 떡

Ⅱ. 한과

Ⅲ. 음청류

실기

Ⅰ. 떡류

✿ 찌는 떡

Ⅱ. 한과류

이론

Ⅰ. 떡

1. 떡의 역사

떡은 멥쌀이나 찹쌀, 잡곡 등을 가루 내어 찌거나 삶거나 기름에 지져 만든 음식을 의미하며 우리나라 식생활문화 속에 오랜 세월을 거쳐 뿌리 깊게 전해 내려온 전통음식이다. 떡의 어원은 동사 '찌다'가 명사로 변형되면서 '찌기'-'떼기'-'떠기'-'떡'의 순으로 바뀌었으며 이에 속하는 대표적인 예로는 시루떡, 인절미, 경단, 송편 등이 있다. 기원은 연대를 명확하게 밝히기 어렵지만 곡물로 만들어진다는 점을 고려해 농경이 시작된 신석기시대 중기부터라고 추정할 수 있다. 조리형태는 죽, 떡, 밥의 순서로 발달하였고 이 시기에는 잡곡이 주가 되는 잡곡떡을 만들어 먹었다.

『조선무쌍신식요리제법』(1943)에는 밀가루를 반죽하여 만든 것이라 하여 떡을 병이(餅餌)라고 하였다.

떡은 쑥, 승검초가루, 복령, 대추, 감, 잣, 밤, 호박, 물, 송기, 석이 등의 다양한 재료와 기타 한약재를 넣어 배합한 '약식동원'의 음식이다. 또한 역사·농경방식의 변화와 더불어 종류, 형태 및 재료의 다양화를 통하여 발달했기 때문에 우리 민족 고유의 토착성을 엿볼 수 있다.

1) 상고시대

상고시대는 원시농경이 시작되었으므로 곡물을 갈돌로 가루 내어 호화시킨 것을 달군 돌판 위에 동물성 기름을 발라서 지지거나 구워 먹는 원시적인 형태의 떡이 발달되었으리라 추정하고 있다. 이 시기에는 토기 이외에 특별한 조리기구 없이도 떡을 만들어 먹었다.

떡의 재료로 피, 조, 기장, 수수, 쌀, 보리, 콩 등이 쓰였고 벼농사가 발달함에 따라 여러 종류의 곡물이 혼합된 잡곡떡에서 쌀로 만든 떡으로 발전하게 되었다.

2) 삼국 및 통일신라 시대

삼국시대는 벼농사 중심의 농경경제를 이루어 떡도 한층 더 발달하였다. 삼국시대의 고분에서 시루가 부장품으로 출토된 것으로 보아 떡이 의례용으로 이용되었음을 알 수 있다.

『삼국유사(三國遺事)』「유리왕원년(298)조」에 수록된 역사에 따르면 유리(儒理)와 탈해(脫解)가 왕위를 사양하자 두 사람 중 떡을 깨물어 치아의 개수가 많이 찍힌 사람이 왕위에 올랐다고 한다. 또한 『가락국기』에는 조정의 뜻을 받들어 세시 때마다 술, 감수, 밥, 떡, 과실, 차 등을 제향음식으로 사용하였다는 기록이 남아 있다.

3) 고려시대

권농정책에 힘입어 고려시대에는 떡, 죽, 밥과 같은 곡물 중심의 음식문화가 더욱 발달하게 되었다. 불교문화는 고려시대 사람들의 식생활에 많은 영향을 미쳤으며 채식을 강조하는 시대풍속에 따라 떡과 과정류가 발달하였다. 또한 원나라와의 잦은 외교의 영향으로 밀가루에 술을 넣고 발효시킨 후 소를 넣어 찐 떡이 만들어졌다.

조선 후기 학자인 한치윤의 『해동역사(海東繹史)』에는 단군 이래부터 고려시대까지 떡에 대한 내용이 기록되어 있다. 이 시대의 조리법은 주로 밤을 그늘에 말린 다음 깨끗하게 손질하여 가루 낸 것을 쌀가루, 꿀물과 섞어서 찌는 형태였다. 이수광의 『지봉유설(芝峰類設)』을 보면 고려에서는 상사일(上巳日)에 청애병(쑥떡)을 가장 으뜸가는 음식으로 여겼다는 기록이 있다.

설기떡은 고려시대의 합리성이 돋보이는 과학적인 떡으로서 꿀물을 넣어 내린 다음 떡 속에 공기가 고르게 들어가게 함으로써 떡의 탄력성을 높이고 쉽게 굳지 않도록 하였다. 이 밖에도 멥쌀, 찹쌀, 차수수, 잡곡, 밀가루 등의 주재료와 쑥, 밤가루, 감, 대추, 송기 등의 부재료를 사용하여 약선효과와 쌀에 부족하기 쉬운 영양성분을 보완한 우수한 떡이 고려시대에 만들어졌다.

4) 조선시대

조선시대는 유교적 정치윤리가 확립된 시기이므로 궁중과 반가 중심의 떡이 발달하였으며 주로 멥쌀과 찹쌀가루에 여러 곡물을 배합하고 꽃, 과실, 약초, 채소류 등을 첨가한 떡을 만들어서 모양은 물론 맛과 빛깔, 영양에도 많은 변화를 주었다. 또한 의례식의 발달로 큰상에서 중요한 위치를 차지하게 되었고 더욱 화려한 색채를 선보이게 되었다. 특히 떡은 제례, 빈례, 혼례와 의례행사, 대소연회, 무속의례에 반드시 등장하였다.

『도문대작(1611년)』, 『음식디미방(1670년)』, 『주방문(1600년대 말엽)』, 『음식보(1700년)』, 『증보산림경제(1766년)』, 『옹희잡지(1800년)』, 『음식방문(연대미상)』 등에서 조선중기 떡의 종류와 그 변화양상을 살펴볼 수 있다. 『규합총서』에는 찹쌀가루를 섞어서 무시루떡을 쪄야 품위 있다고 전해지고 있으며, 새롭게 등장한 두텁떡에 대한 내용을 찾아볼 수 있다.

조선시대의 설기류로는 백설기, 쑥설기, 밤설기, 잡과꿀설기, 도행병, 꿀설기, 석이병, 괴엽병, 무떡, 송기떡, 승검초설기, 막우설기, 상자병, 산삼병, 감자병, 유고, 기단가오 등이 있다.

✿ 문헌에 기록된 떡의 종류(1670~1911)

책이름 \ 내용	연대	저자	표기	수록된 떡의 종류
도문대작	1611년	허균	한문	시율나병, 석이병, 애고, 송기떡, 유엽병, 쌍화증병, 설병, 삼병, 전병, 화전
음식디미방	1670년경	안동 장씨부인	한글	상화법, 증편법, 잡과편법, 밤설기법, 석이편법, 인절미 굽는 법(맛질방문), 전화법, 빈자법
요록	1680년경	미상	한문	건알판, 쇄백자, 상화병, 증병, 견전병, 소병, 송고병, 송병, 경단병, 유병, 청병, 수자
주방문	1600년대 말	하생원	한글	겸절병법, 화전, 귀증편, 상화
음식보	1700년경	미상	한글	겸전편, 귀증편법, 잡과편법, 소병법, 교의상화, 유화전, 모피편법
산림경제	1715년	홍만선	한문	곶감편, 밤떡, 방검병, 석이병, 풍악의 석이병
수문사설	1740년	이균	한문	이맥송병, 더덕전병, 조악전
성호사설	1763년	이익	한문	설병, 두고, 송병, 산병, 화전, 절편
증보산림경제	1766년	유중림	한문	율고법, 범증병법, 잡과고, 도행병, 혼돈병, 석이병법, 풍악석이병, 향애단자, 화전
규합총서	1809년	빙허각 이씨	한글	백설고, 권전병, 유자단자, 승검초단자, 석탄병, 도행병, 복령조화고, 신과병, 혼돈병, 토란병, 남방감저병, 잡과병, 증편, 석이병, 두텁떡, 기단가오, 서여향병, 송기떡, 상화무떡, 백설기(흰무리), 빙자, 화전, 송편, 인절미, 대추주악, 약반, 계강과
주방	1800년대 초	미상	한글	증편기주법, 상화법
술 만드는 법	1800년대	미상	한글	석이편, 외석이편, 토련단자, 국엽단자, 밤단자
임원십육지	1827년	서유구	한문	잡과꿀설기, 잡과점병, 고려율고, 시고병, 봉고방, 당귀병, 노랄병, 속중방, 외랑병, 증병, 취증병(이숙법), 팥찰편, 후병, 신과병, 잡과고방, 송피병, 혼돈병, 인절병, 단자병, 더덕병, 토지병, 우병, 유전병, 조각병, 경단, 풍소병

내용 책이름	연대	저자	표기	수록된 떡의 종류
역잡록	1829년	미상	한글	석이편, 잡과편, 시루 찌는 법, 두견·장미·국화전, 증편법, 살구·복숭아떡, 쑥굴리, 약식
역주방문	1800년대 중엽	미상	한문	약고, 유고, 잡과병, 접라여전, 겸전편, 소병, 유화편, 모해병, 목맥병, 산약병, 토란전
음식법(찬법)	1854년	미상	한글	증편, 시루떡, 석이떡, 잡과편, 대추주악, 당귀주악, 밤주악, 웃기, 석이단자, 쑥단자, 당귀단자, 메꿀떡, 수란떡, 토란단자, 소꿀찰떡, 두텁떡, 송편
이씨음식법	1800년대 말	미상	한글	증편, 석이병, 원소병, 권전병, 혼찰병, 추절병, 소함병, 율강편, 생강편, 백자병, 신감초단자, 두텁떡, 약식
시의전서	1800년대 말	미상	한글	시루떡 안치는 법, 팥편, 녹두찰편, 팥찰편, 녹두편, 꿀찰편, 깨찰편, 꿀편, 승검초편, 백편, 생강편, 감저병, 잡과편, 두텁떡, 무떡, 적복령편, 상실편, 막우설기, 호박떡, 증편, 석이단자, 승검초단자, 건시단자, 밤단자, 귤병단자, 계강과, 경단, 송편, 쑥송편, 어름소편, 대추인절미, 깨인절미, 쑥인절미, 쑥절편, 송기절편, 곱장떡, 골무편, 약식, 흰주악, 치자주악, 밤주악, 생산승화전
규곤요람	1896년	미상	한글	곱장떡, 백설기, 약식
동국세시기	1849년	홍석모	한문	붉은팥시루떡, 증병, 상화병, 증병, 송병, 산병, 환병, 흰떡, 수리취절편, 인병, 애단자, 율단자, 토란단자, 화전

출처 : 강인희 외, 한국음식대관, 한국문화재보호재단 편, (주)한림출판사, 2000.

❀ 떡의 분류 및 종류

떡류 \ 문헌출처	한국음식(1988)		한국의 전통음식(1991)		한국의 맛(1993)		떡과 과줄(1997)	
찌는 떡	멥쌀무리떡 찹쌀무리떡	멥쌀켜떡 찹쌀켜떡	멥쌀무리떡	멥쌀켜떡	멥쌀무리떡 찹쌀무리떡	멥쌀켜떡 찹쌀켜떡	멥쌀무리떡 찹쌀무리떡	멥쌀켜떡 찹쌀켜떡
	백설기 밤과대추설기 밤가루설기 쑥설기 콩설기 팥설기 송편	팥시루떡 백편 꿀편 승검초편 삼색편 꽃편	백설기 쑥설기 색편 잡과병 송편 쇠머리떡 콩찰떡	백편 승검초편 꿀편 쑥편 녹두편 무시루떡 팥시루떡 호박떡 상추시루떡 석탄병 두텁떡	잡과병 수리치떡 송편 노비송편 재증병	백편 승검초편 꿀편 녹두편 쑥편 느티떡 무시루떡 석탄병 물호박떡 찰편 두텁떡		
치는 떡	멥쌀	찹쌀	멥쌀	찹쌀	멥쌀	찹쌀	멥쌀	찹쌀
	절편 개피떡	인절미 대추단자 은행단자 석이단자	절편 개피떡	인절미 석이단자 대추단자 쑥굴리단자	수리취절편 개피떡 골무떡	인절미 수리취인절미 색단자 석이단자 은행단자 밤단자 쑥굴리		
삶는 떡	경단		경단		경단		경단	
	경단 두텁단자		찹쌀경단 수수경단		찹쌀경단 수수경단			
지지는 떡	주악	전·부꾸미	주악	전·부꾸미	주악	전·부꾸미	주악	전·부꾸미
	주악	국화전 대추전 부꾸미	주악	화전 수수부꾸미 찹쌀부꾸미	흰색주악 승검초주악 은행주악 대추주악 석이주악	진달래꽃전 수수부꾸미		
기타	약식		약식·증편		약식			
합계	26		32		36			

출처 : 강인희 외, 한국음식대관, 한국문화재보호재단 편, (주)한림출판사, 2000.

2. 떡과 세시풍속

1) 설날(정월 초하루)

정월 초하루인 설날은 흰떡으로 떡국을 끓여 차례상에 먼저 올린 다음 나이를 한 살 더 먹는다는 의미로 가족들과 함께 한 그릇씩 먹는 풍속이 있다.

떡가래의 모양은 각별한 의미를 지니고 있다. 시루에 찐 떡을 길게 늘여서 가래로 뽑는 것은 재산이 늘어나라는 좋은 의미이고 가래떡을 둥글게 자르는 것은 그 모양이 엽전과 같아서 재화가 가득하기를 기원하는 뜻이다.

2) 상원(정월 대보름)

정월 대보름은 우리 선조들의 삶에 달(月)이 큰 비중을 차지했다는 것을 보여주는 세시풍속으로 농경문화에서 풍요와 함께 한 해를 건강하게 지내게 해달라는 기원이 담겨 있다.

대보름에는 묵은 나물, 복쌈, 부럼, 귀밝이술 등과 함께 약식을 만들어 먹었다. 까마귀가 왕의 생명을 구해주어 그에 대한 고마움을 표시하기 위해 까마귀가 좋아하는 대추로 까마귀 깃털 색과 같은 약식을 만들어 먹었다는 얘기가 전해지고 있다. 마을 사람들이 모여서 한 해의 신수를 점치는 모듬떡을 만들기도 하였다.

3) 중화절(음력 2월 1일)

중화절은 농가에서 그해의 풍요로운 수확을 기원하는 뜻으로 정월 보름날 마당에 세워 두었던 볏가릿대를 이월 초하룻날 아침에 거두어들였는데 이때 볏가리에서 훑어 내린 벼를 잘 빻아 커다랗게 만든 삭일송편을 노비들에게 나이대로 먹이는 풍습이 있었다.

4) 삼짇날(음력 3월 3일)

삼월 삼짇날을 답청이라 부르며 이때는 들판에 나아가 꽃을 보며 봄을 즐기는 날이다. 옛날에는 집에만 갇혀서 생활하던 부녀자들이 조리기구인 번철을 들고 산으로 올라가 자유롭게 화전을 만들어 먹었다. 또한 찹쌀에 대추와 쌀을 적당하게 섞어 시루떡을 찌기도 하고 흰색과 쑥색을 잘 조화시켜 개피떡도 만들었다.

5) 한식(음력 3월)

한식은 산과 들에 쑥이 많이 나기 때문에 농가에서 부녀자들이 쑥을 뜯어서 절편과 쑥단자를 만들어 먹었다.

6) 사월 초파일(음력 4월 8일)

4월 초파일 무렵은 느티나무에 새싹이 돋아나는 계절이므로 선조들은 느티싹과 멥쌀가루를 섞어서 떡 켜를 두툼하게 하여 찐 설기떡 형태로 그 향과 색이 독특하여 즐겨 먹었다. 찹쌀가루 반죽에 노란 장미꽃을 얹어 지진 장미화전을 만들어 먹기도 했다.

7) 단오(음력 5월 5일)

오월 단오에는 수리취 절편을 즐겨 만들어 먹었다. 단옷날을 수릿날이라고도 하였으며 '수리'라는 말은 우리말의 수레를 의미하며 수리취라는 풀을 뜯어서 만든 떡으로 참기름을 발라 둥글넓적하게 밀어서 빚은 다음 수레바퀴 모양의 떡살로 찍어서 만든 떡이다.

8) 유두(음력 6월 15일)

유두는 유월 보름으로 밀가루에 콩이나 깨, 꿀을 섞어서 소를 잘 싸서 찐 상화병이나 밀전병을 만들어 먹었다. 또한 더위를 잊기 위해서 꿀물에 둥글게 빚은 흰떡을 넣고 떡수단을 만들어 먹었다.

9) 삼복(음력 6월)

절기상으로 하지 후 초복, 중복, 말복의 더위가 극에 달하는 삼복에는 쌀가루에 술을 넣고 반죽하여 발효시켜 찐 증편을 만들어 먹었다. 이 떡은 쉽게 상하지 않고 맛이 새콤하여 더운 여름날에 입맛을 돋우어주는 떡이라고 할 수 있다. 찹쌀을 익반죽하여 소를 넣고 빚은 다음 기름에 튀긴 주악도 만들어 먹었다.

10) 추석(음력 8월 15일)

추석은 설날에 버금가는 큰 명절로 햅쌀이 출하되는 시기이므로 시루떡과 송편을 빚어 조상께 감사드렸다. 송편을 찔 때 깨끗하게 씻은 솔잎을 깔고 쪄서 떡에 솔향이 배게 하였다.

11) 중양절(음력 9월 9일)

풍류의 계절인 중양절은 야외로 나가서 아름다운 시를 읊으며 국화주를 마시고 찹쌀가루를 익반죽하여 동글납작하게 빚어 국화꽃잎을 얹어 지진 국화전을 먹었다.

12) 상달(음력 10월)

시월 상달은 시월이 1년 중에서 가장 으뜸가는 날이라 하여 붙여진 이름이며 한 해 동안 풍요로운 수확에 감사하며 제상을 차리거나 마을 사람들이 마을의 안녕을 비는 마음에서 고사를 지냈다. 고사떡은 팥시루떡으로 만들며 무채, 단호박꽂이를  쌀가루에 섞어 붉은팥을 삶아 고물을 만들어 떡의 켜를 두툼 하게 하여 시루 가득히 안쳐서 떡을 찐다. 떡에 팥을 사용 하는 이유는 붉은색이 악귀를 쫓고 수복강녕을 가져다준다 는 속설 때문이다.

13) 동지(음력 11월)

동짓달은 1년 중 낮의 길이가 가장 짧고 밤의 길이가 가장 긴 날이며 이날은 찹쌀 경단을 빚어 팥죽을 끓여 벽에 뿌리며 먹는 날이다. 붉은색은 귀신이 가장 싫어하는 색이므로 악귀를 쫓는다는 의미를 지니고 있다.

14) 납월(음력 12월)

납월은 사람이 살아가는 데 도움을 주는 천지만물의 신령에게 진심어린 마음을 담 아 음덕을 갚는 뜻으로 제사를 지내는 날이다. 이때는 멥쌀가루를 시루에 쪄 꽈리가 일도록 잘 쳐서 팥소를 넣고 골무모양으로 빚은 골무떡을 만들어 먹었다.

❀ 세시음식에서 떡의 의미

절기	떡의 종류	의미
정월 초순	흰 떡국	순수 무구한 경건함
정월 보름	약식	까마귀에 보은
2월 중화절	노비송편	상전이 노비에게 송편을 나이 수대로 먹임
3월 삼짇날	진달래화전	집안의 우환을 없앰

절기	떡의 종류	의미
4월 초파일	느티떡	석가탄신일 경축
5월 단오	쑥절편	단오차사(거피팥)
6월 유두	떡수단	신에게 풍년을 축원
7월 칠석	개찰떡	올벼를 천신께 천신함
8월 한가위	송편	햅쌀로 조상께 감사
9월 중양절	국화전	조상께 제사
10월 상달	붉은팥시루떡	고사일을 택해서 집안의 풍파를 없애는 기원
동지	팥죽	작은설
섣달 그믐	온시루떡	신령에게 음덕을 갚는 뜻으로 제사

출처 : 강인희 외, 한국음식대관, 한국문화보호재단 편, 한림출판사, 2000.

3. 떡과 통과의례

1) 백일

백일은 아기가 출생한 지 100일째 되는 날을 기념하는 행사이다. 백이라는 숫자는 성숙, 완전함을 의미하므로 태어난 아기가 어려운 고비를 무사히 넘기게 되었음을 축하하는 뜻이 담겨 있다.

백일 떡은 아이가 복을 받고 무병장수하기를 바라는 기원을 담아 이웃들과 함께 나누어 먹는 것이 관례다. 백설기, 수수경단, 오색송편을 만들어 먹는다. 백설기는 아이가 희고 깨끗하게 자라라는 기원이 담겨 있고 수수경단은 귀신이 피한다는 붉은색을 씀으로써 아이의 일생에 닥칠 액을 미리 막기 위한 것이다.

2) 첫돌

아기가 태어난 지 만 1년이 되는 날을 첫돌이라고 한다. 이날은 아이의 장수복록을 기원하며 예쁜 의복을 입히고 돌상을 차린다.

떡은 인절미, 오색송편, 경단, 백설기 등을 만들어 먹는다. 백설기는 신성하고 정결함을 뜻하고 오색무지개떡은 만물과의 조화를 의미하며 인절미는 끈기 있는 사람이 되라는 의미이다. 오색송편은 우주만물을 형성하는 원기와 오행에 근거해서 오미자로 붉은색, 치자로 노란색, 쑥으로 푸른색, 송기로 자주색을 들여 정성껏 만들었다.

3) 혼례

혼례는 가례 중 사례의 하나로 남녀가 부부의 인연을 맺는 의식절차를 말한다. '혼'은 해가 저무는 시간에 올리는 예라는 뜻이 있다. 혼인은 음과 양의 합에 의한 대자연의 섭리에 따라 자연스럽게 짝을 찾는 일이므로 『고례』에는 "천지의 이치에 순응하고 인정을 마땅함에 합하는 것이 혼인이다"라고 하고 있다.

혼인 질차에 따른 혼례음식 중 봉채떡은 찹쌀 3되와 붉은팥 1되를 시루에 두 켜만 안쳐 위 켜 중앙에 대추 7개를 둥글게 모아놓고 함이 들어올 시간에 맞추어 찐 찹쌀시루떡이다. 봉채떡의 찹쌀은 부부의 금실이 찰떡처럼 화목하게 잘 합쳐지라는 뜻을 담았고 붉은팥고물에는 액을 면하게 한다는 의미가 담겨 있다.

4) 회갑

회갑은 자식을 낳아 기르면서 살다가 나이 61세에 이르러 맞게 되며 자기가 태어난 해로 다시 돌아왔다는 의미에서 환갑이라고도 한다. 회갑연에 마련되는 상차림은 큰상이라고도 하며 여러 가지 음식을 높이 고여서 차린 상차림 중에서 가장 화려하며 자손들이 부모님께 감사의 뜻으로 베풀어 드리는 향연이라고 할 수 있다. 상차림은 가문과 계절에 따라 차이가 있지만 일반적으로 과정류, 사탕류, 생실과, 건과, 떡, 편육, 저냐 등의 음식을 30~70cm 정도 높이 고여서 아름답게 원통모양으로 쌓아 배열한다.

떡은 주로 백편, 꿀편, 승검초편을 만들어 직사각형 모양으로 썰어서 차곡차곡 높이 괴어 올린 후 화전, 주악, 각종 고물을 묻힌 단자 등을 웃기로 얹어 장식한다.

5) 제례

제례는 돌아가신 조상을 추모하여 지내는 의식절차로서 근본에 보답하는 의례이다. 매년 조상이 돌아가신 날에는 기제를 지내고 정월 초하루, 추석 등에 차례를 지낸다.

제례상에 올리는 떡은 녹두고물편, 꿀편, 거피팥고물편, 흑임자고물편이며 제례 전날 미리 준비한 쌀가루와 고물을 켜켜로 안쳐서 찐다. 정성들여 찐 떡은 여러 겹으로 포개어 고이고 그 위에 웃기로 주악, 산승, 단자를 얹기도 한다.

4. 떡과 향토성

1) 서울, 경기도

이 지역에서는 농산물과 다양한 종류의 과일이 생산되고 각종 해산물이 서해에서 잡혀 식생활이 풍성했다. 특히 쌀, 보리 같은 농산물이 풍부하기 때문에 곡식을 이용하는 다양한 종류의 떡을 만들었다. 떡의 종류도 많고 화려한 모양이 특징이며 흰 절편에 노랑, 파랑, 분홍물을 들인 색떡, 여주산병, 개성우메기, 개성경단, 웃지지, 각색경단, 수수도가니, 배피떡, 백령도김치떡, 색떡, 수수벙거지, 쑥갠떡, 쑥버무리 등의 다양한 떡이 있다.

2) 충청도

충청도는 쌀, 보리, 고구마, 무, 배추, 모시 등이 생산되고 즐겨 먹는 떡인 증편은 쌀가루에 막걸리를 섞어서 발효시킨 다음 틀에 부어 고명을 얹어서 찐 떡이다.

충청도의 떡으로는 감자떡, 곤떡, 꽃산병, 도토리떡, 막편, 볍씨쑥버무리편, 사과버무리떡, 쇠머리떡, 수수팥떡, 장떡, 증편, 칡개떡, 해장떡, 호박송편, 호박떡, 햇보리떡 등이 있다.

3) 전라도

전라도는 우리나라의 곡창지대로서 쌀이 많이 생산되고 고원지대에서는 인삼, 고추, 고랭지 채소 등이 생산되고 있다. 떡 모양이 화려하고 풍부한 재료를 사용하므로 감칠맛 나는 떡을 만들었다.

전라도의 떡으로는 감단자, 감시리떡, 감인절미, 고치떡, 꽃송편, 구기자떡, 나복떡, 모시떡, 모시송편, 밀기울떡, 보리떡, 복령떡, 뻘기송편, 송피떡, 수리취떡, 익산섭전, 차조기떡, 찰시루떡, 콩대끼떡, 풋호박떡, 호박고지 등이 있다.

4) 경상도

경상도는 주로 쌀, 보리, 감자, 옥수수 등이 생산되고 각종 과일을 이용한 떡을 만들었다. 상주에서는 감을 넣은 설기떡을 만들었고 밀양에서는 쑥구리단자를 만들었다.

경상도의 떡으로는 감단자, 거창송편, 결명자떡, 곶감호박떡, 도토리찰시루떡, 망개떡, 모듬백이, 밀비지, 밀양경단, 부편, 상주설기, 송편꿀떡, 쑥굴레, 쑥떡, 오가리떡, 유자잎인절미, 잡과편, 잣구리, 주걱떡, 차노치, 찹쌀부꾸미, 칡떡, 호박범벅떡 등이 있다.

5) 강원도

강원도는 산세가 깊어서 옥수수, 감자와 같은 농산물이 생산되고 수산물 또한 풍부한 것이 특징이다. 강원도 화전민들은 감자송편, 감자경단을 만들어 먹었고 옥수수가루에 강낭콩을 넣어 만든 잡곡설기떡을 많이 만들었다.

강원도의 떡은 각색차조인절미, 감자뭉생이, 감자부침, 감자송편, 감자시루떡, 감자투생이, 구름떡, 댑싸리떡, 메밀총떡, 메싹떡, 무송편, 도토리송편, 방울증편, 보리개떡, 수리취개피떡, 언감자떡, 옥수수보리개떡, 옥수수설기, 옥수수칡잎떡 등이 있다.

6) 황해도

항해도는 곡창시대가 넓어 농산물이 많이 생산되며 잡곡떡, 마살떡, 오쟁이떡처럼 소박한 떡을 만들었다.

황해도의 떡으로는 꿀물경단, 닭알떡, 닭알범벅, 무설기떡, 수수무살이, 수제비떡, 연안인절미, 오쟁이떡, 우기, 잔치메시루떡, 잡곡부치기, 장떡, 좁쌀떡, 큰송편, 혼인절편, 징편, 찹쌀부치기 등이 있다.

7) 평안도

평안도의 농산물로는 쌀을 비롯한 조, 수수, 기장, 옥수수, 감자, 대두, 보리, 팥, 녹두 등의 잡곡과 밤 및 사과 등의 과일이 많이 생산된다.

평안도의 떡으로는 감자시루떡, 강냉이골무떡, 골미떡, 꼬장떡, 노티, 녹두지짐, 니도래미, 무지개떡, 뽕떡, 송기절편, 조개송편, 찰부꾸미 등이 있다.

8) 함경도

함경도는 산세가 험준하고 풍속이 굳세고 사나우며 토지 또한 차고 메말라 있어 조, 메밀과 같은 밭곡식을 주로 재배하고 있다. 옥수수를 이용한 가랍떡을 옥수수잎이나 가랍잎으로 싸서 먹었다.

함경도의 떡으로는 가랍떡, 괴명떡, 오그랑떡, 언감자송편, 감자찰떡, 콩떡, 기장인절미, 구절떡, 깻잎떡, 함경도인절미, 꼽장떡, 달떡, 찹쌀구이, 귀리절편 등이 있다.

9) 제주도

제주도는 주로 밭작물을 많이 재배하기 때문에 조, 보리, 메밀, 콩, 팥, 녹두, 깨, 감자, 고구마 등을 이용한 떡을 만들어 먹었다. 이 지방에서는 고구마를 감제라고 부르며 고구마 전분을 이용하여 떡을 만들어 먹었고 무채를 소로 넣어 돌돌 말아 부친 빙떡도 있다.

제주도의 떡으로는 감제침떡, 조침떡, 달떡, 도돔떡, 돌레떡, 백시리, 빼대기떡(감제떡), 상외떡, 속떡(쑥떡), 솔변, 오메기떡, 우찍, 은절미, 차좁쌀떡 등이 있다.

Ⅱ. 한과

1. 한과의 역사

1) 삼국 및 통일신라 시대

『삼국유사』의 「가락국기 수로왕조」에 '과(果)'가 제수로 처음 나오고 신문왕이 왕비를 맞이한 683년에는 폐백음식으로 과정류에 필요한 재료인 술, 꿀, 쌀, 기름, 메주 등이 기록되어 있는 것으로 보아 그 시절 이미 한과류를 만들어 먹었다고 추정할 수 있다.

통일신라시대에는 차 마시는 풍습이 성행하여 다정모임, 진다례 등 다과상도 차렸고 차와 잘 어우러지는 한과를 만들어 먹었다고 한다.

2) 고려시대

고려시대에는 불교적인 행사가 많아 연등회, 팔관회 등의 행사에 유밀과를 만들었고 왕족, 귀족, 사원 행사의 고임상에 올렸다. 이 시대 원나라에서는 고려의 유밀과를 고려병이라 하였고 고려병을 약과라고도 부르며 즐겨 먹었다.

유밀과처럼 대중화되지는 않았지만 국가적인 규모의 대연회에는 다식을 만들어 먹었다.

3) 조선시대

조선시대의 과정류는 왕실과 반가의 귀족들에게 의례 · 기호식품으로 애용되었고 세찬 및 각종 연회상에 빠질 수 없는 행사식으로 널리 이용되었다.

유밀과와 강정을 민가에서도 만들게 되었고 주로 설날음식, 혼례, 회갑, 제사음식에 쓰였다.

2. 한과의 분류

1) 유밀과

유밀과는 밀가루에 꿀, 기름을 넣고 반죽한 것으로 모양을 만들어 기름에 잘 지져 낸 다음 즙청한 것이다.

- ❀ 약과 : 약과, 대약과, 소약과, 모약과, 방약과, 연약과
- ❀ 만두과 : 만두약과, 대만두과, 소만두과, 연사라교
- ❀ 다식과 : 다식약과, 대다식과, 소다식과
- ❀ 박계 : 대박계, 중박계, 소박계
- ❀ 한과 : 한과, 삼색한과, 홍세한과, 백세한과, 홍색세한과, 홍미자, 백미자, 홍백미자
- ❀ 계강과
- ❀ 매작과

❀ 차수과 : 거식조, 차수과

❀ 채소과

❀ 요화과 : 요화, 홍백세건반요화, 백세건반요화, 홍세건반요화, 삼색요화

❀ 기타 : 양면과, 행인과, 연행인과, 우근계, 다을과, 소료화, 당비

2) 유과류

유과류는 찹쌀가루에 술과 콩물을 넣고 반죽하여 찐 다음 꽈리가 잘 일도록 쳐서 모양을 잡아 건조시켜 기름에 잘 지져낸 다음 엿물이나 꿀물을 입혀서 고물 묻힌 것을 말한다.

❀ 산자류 : 수복산자, 매화산자, 묘화산자

❀ 강정류 : 손가락강정, 방울강정

❀ 빈사과류 : 감사과류, 연사과류

3) 정과류

정과는 일반적으로 식물의 뿌리, 줄기, 열매 등을 썰어서 날것으로 사용하거나 통째로 삶아서 꿀이나 설탕을 넣고 졸인 것을 말하며 재료에 따라 붙여지는 이름이 다르다.

❀ 뿌리와 줄기로 만든 정과 : 연근정과, 생강정과, 도라지정과, 무정과, 우엉정과, 당근정과, 인삼정과, 죽순정과, 순정과

❀ 과일정과 : 모과정과, 산사정과, 동아정과, 청매정과, 백매정과, 복숭아정과, 행인정과, 맥문동정과, 귤정과, 유자정과, 건포도정과, 대추정과, 배정과, 복분자정과, 수박정과, 사과정과, 다래정과

4) 숙실과류

숙실과는 두 종류가 있는데 과일을 익혀서 통째로 꿀에 조린 것을 '초'라 하고, 익힌 것을 다시 다져서 꿀로 반죽한 후 원래 모양으로 빚은 것을 '란'이라 한다.

❀ 란 : 조란, 율란, 생란

❀ 초 : 대추초, 밤초

5) 다식류

다식은 곡물가루, 한약재가루, 꽃가루 등을 이용하여 날로 먹을 수 있도록 한 것과 날로 먹을 수 없을 경우 호화시켜서 꿀을 넣고 반죽한 후 다식판에 박아낸 것으로 나눌 수 있다.

❀ 곡물가루 다식 : 녹말다식, 진말다식, 찹쌀다식

❀ 한약재가루 다식 : 강분다식, 용안육다식, 갈분다식, 산약다식

❀ 견과류 다식 : 밤다식, 잡과다식, 상자다식, 대추다식, 잣다식

❀ 종실 다식 : 흑임자다식, 콩다식, 진임다식

❀ 꽃가루 다식 : 송화다식

6) 과편류

과편은 신맛이 나는 과일즙을 내어 꿀이나 설탕을 넣고 졸이면서 녹말을 넣어 엉키도록 한 후 굳혀서 편으로 썬 것을 말한다.

❀ 과일 과편 : 앵두편, 살구편, 산사편, 복분자편, 벗편, 오미자편

❀ 전분 과편 : 녹말편, 메밀편

7) 엿강정류

엿강정은 엿물이나 조청, 꿀, 설탕을 끓여 만든 시럽으로 콩, 깨, 견과류를 넣고
잘 섞어 반대기를 지어 굳혀서 편으로 썬 것을 말한다.

❀ 콩엿강정, 깨엿강정, 백자편, 낙화생엿강정, 호두엿강정, 대추엿강정

3. 한과와 세시풍속

1) 정월

정월에는 차례를 지낸 후 어른들은 자손들로부터 세배를 받으며 덕
담을 하고 음식을 차려 먹는다. 설 다과상에는 약과, 강정, 다
식, 정과, 엿강정, 곶감쌈, 감귤, 배, 밤, 수정과, 식혜 등의 음
식을 올린다. 호두, 밤, 잣, 땅콩은 악귀를 쫓는다는 의미에서
먹기도 한다.

2) 이월

중화절은 농사가 시작되는 날이며 이때 집안에 쥐와 벌레가 없어지기를 바라는 마
음에서 콩을 볶아 엿에 넣은 콩엿을 만들어 먹기도 하였다.

3) 삼월

삼짇날에는 집안의 우환을 없애고 소원성취를 간절히 비는 마
음에서 산제를 올렸으며 여성들은 진달래꽃을 따서 화전을 지지

고 화채를 만들어 먹었다.

4) 사월

사월 초파일에는 느티나무의 잎을 따서 떡을 하여 부처
님께 공양하고 검정콩을 넣어 콩설기를 만들어 먹었다. 불
가에서 검정콩은 좋은 인연을 맺는다는 속설이 있다.

5) 오월

단옷날인 5일에는 오매육, 초과, 백단향, 사인 등을 가루로 곱게 만들어 꿀과 함께
조려두었다가 찬물에 타서 마시는 단오절식을 궁에서 만들어 먹
었다. 또한 앵두화채를 만들고 앵두를 으깨어 녹두녹말과 꿀을
넣어서 굳힌 과편을 만들어 먹었다.

6) 유월

유월의 절식으로는 밀, 보리 등을 가루 내어 전병을 부쳐 먹고 가래떡을 둥글게
빚어 삶아 꿀물에 넣은 떡수단을 만들어 먹었다.

7) 칠월

칠석날은 견우직녀가 만나는 날로서 증편과 백설기를 나
누어 먹었고 참외나 수박 등을 먹었으며 과자와 엿은 더운
여름철에는 잘 해먹지 않았다.

8) 팔월

팔월에는 햅쌀로 찐 송편과 율란, 조란, 밤초, 대추초와 같은 숙실과와 정과를 만들어 먹었고 햇곡식으로 만든 다식, 엿강정, 숙실과가 제수에 올려졌다.

9) 구월

구월 구일은 중양절, 중구, 중광이라고 하며 양수가 겹치는 날이라 하여 명절로 여겼다. 향이 좋은 유자와 모과가 풍성한 계절이므로 유자차, 유자화채, 유자정과, 유자편, 모과차, 모과편 등을 만들어 먹었다.

10) 시월

시월 상달은 일년의 농사를 마무리하는 시기이므로 집안 곳곳에 붉은팥으로 고사 시루떡을 해놓고 성주신에게 가문의 평안을 빌었다. 명절에 사용할 유과바탕을 만들고 엿을 고아서 단지에 담아두기도 하였다.

11) 동지

동지는 작은 설이라 불렸고 팥죽을 쑤어서 나쁜 액을 막았고 궁중에서는 대추, 계피, 후추, 꿀을 넣고 고아 전약을 만들어 먹었다. 음료로는 계피와 생강물을 달여서 곶감을 띄운 수정과를 만들어 먹었다.

12) 섣달

납일, 제석, 세제라고 하며 한 해를 마무리 짓는 달이기 때문에 불을 환하게 밝혀 새해를 맞이했고 잡귀가 들지 않도록 잠을 자지 않았다.

절식으로는 엿강정, 유과, 엿, 약과, 다식, 식혜, 수정과 등이 있다.

4. 한과와 의례

1) 혼례

혼례는 시대에 따라 많은 차이점이 있고 중국의 『예서』에 의한 절차는 우리나라의 혼인절차와 비교하면 차이가 많다. 육례는 약 3000년 전 중국 주나라 때 혼인절차였고 약 800년 전의 중국 송나라 때 주자가 육례의 복잡한 절차를 사례로 조정하였다. 주자의 혼례 사례는 주로 왕가나 사대부에서 행해졌지만 일반 대중은 우리나라의 전통 육례를 행하였다.

혼례가 끝나면 신부 집에서는 신랑에게 큰상을 차려서 축하해 주었는데 큰상에는 각색편과 강정, 약과, 산자, 다식, 숙실과, 생실과 당속류, 정과 등의 한과류 등을 차려주었다.

2) 회갑례

회갑례와 같은 경사스런 날에는 큰상에 약과, 중박계, 요화과, 숙실과, 정과, 다식 등의 한과를 올리고 이들을 상에 올릴 때에는 30cm에서 60cm까지 원통형으로 고여서 상을 차렸다.

3) 제례

불교의 소찬으로 발달된 유밀과는 제례에 가장 많이 쓰이는 약과이며 그 외에도
매작과, 강정, 산자 등을 차렸다.

5. 한과와 향토성

1) 서울, 경기도

이 지역은 지형적으로 서해와 산지가 가까워서 모든 농산물이 모이는 곳이며 고려
의 수도였던 만큼 화려한 음식문화가 발달하였다.

개성의 모약과를 비롯한 여주의 땅콩강정, 오색다식이 유명하고 잣나무로 알려진
가평에서는 송홧가루를 채취하여 만든 가평송화다식 등도 있다.

2) 강원도

강원도는 태백산맥을 중심으로 영동과 영서지방으로 나뉘며 서울, 경기도와 달리
음식이 그다지 사치스럽지 않고 소박한 음식문화가 발달하였다.

이 지방에서는 주로 옥수수, 메밀, 감자 등의 작물이 많이 재배되며 옥수수의 산
지인 만큼 옥수수엿이 유명하고 매작과, 찹쌀로 만든 약과, 강릉산자 등이 잘 알려져
있다.

3) 충청도

충청도는 바다에 접하지 않아 농업이 성하며 쌀, 보리, 고구마와 같은 곡식이 생산되고 내륙에서는 산버섯이 생산된다. 남도에서는 서해에 접하고 있어 해산물이 풍부한 것이 특징이다.

충청도 음식은 맛이 순하고 양이 많은 것이 특징이며 시골의 맛이 나는 구수한 음식들을 만들어 먹었다. 특히 인삼 산지이므로 인삼을 이용한 약과, 수삼정과, 무엿, 무릇곰 등을 만들어 먹었다.

4) 전라도

전라도는 지리적으로 서해와 남해를 끼고 호남평야에서 생산되는 농산물이 풍부하므로 산채, 과일, 해산물이 풍부하다. 전라도 음식은 전주, 광주를 중심으로 발달하였으며 화려하고 맛깔스러운 음식을 자랑하고 있다.

전라도의 한과는 창평면 고씨 가문에서 만들기 시작한 창평흰엿, 찹쌀가루와 구기자가루를 섞어 만든 구기자강정, 유과, 동아정과 등이 있다.

5) 경상도

경상도는 해산물이 풍부한 동해와 남해를 끼고 있어 생선을 즐겨 먹고 해산물인 회를 최고로 여긴다. 음식의 맛은 대체로 입안이 얼얼할 정도로 맵고 간이 센 음식이 많으나 그다지 사치스럽지 않은 것이 특징이다.

이 지방의 한과로는 각색정과, 산더덕, 산당귀 뿌리를 가루로 만들어 송홧가루와 섞어서 토종꿀에 반죽한 신선다식과, 조청·설탕을 끓이다가 대추와 참깨를 넣고 버무린 대추징조, 찹쌀가루와 멥쌀가루를 섞어 쪄서 술로 버무려 친 다음 썰어 말렸다가 기름에 튀겨 조청을 바르고 튀밥을 골고루 묻힌 준주강반 등이 있다.

6) 제주도

제주도는 산촌, 농촌, 어촌의 세 지형으로 되어 있어 그 지형의 특색에 따라 생활양식에 차이가 있다. 제주도는 경작할 땅이 적어서 식량이 풍족하지 못한 편이며 주로 쌀보다 조, 피, 메밀, 보리, 콩, 팥, 녹두, 깨, 감자, 고구마 등이 많이 생산된다.

특히 꿩고기, 닭고기, 돼지고기 등을 넣고 푹 고은 닭엿, 꿩엿, 돼지고기엿 등의 보양식 엿을 만들어 먹었다.

7) 황해도

황해도의 평야는 다른 북부지역에 비해 쌀의 생산량이 풍부하고 잡곡의 질도 좋은 편이다. 황해의 서남쪽 사람들은 보리쌀과 차진 조를 넣은 잡곡밥을 즐겨 먹었고 가축의 사료가 풍부하기 때문에 가축의 맛이 좋고 닭을 이용한 음식이 발달하였다.

이 지방의 대표적인 전통 정과류로는 무정과를 들 수 있다.

8) 평안도

평안도의 자연환경은 산세가 험하고 평야가 넓어서 밭곡식, 어물, 산채 등이 풍부한 것이 특징이며 예로부터 중국과 교류가 빈번한 지역이기 때문에 성품이 진취적이고 대륙적인 성향이 있어 음식의 모양이 크고 먹음직스러운 것이 특징이다.

이 지방은 독특한 방법으로 산자(과줄)와 수수엿, 견과류를 튀기거나 볶아서 먹었다.

9) 함경도

　함경도는 우리나라의 가장 북쪽에 위치한 지방으로 기후가 가장 추우며 밭농사 중심의 산출물이 많이 생산되고 콩, 조, 강냉이, 수수, 피 등도 생산되고 있다.

　콩의 품질이 뛰어나고 특히 메수수와 메조는 남쪽과 달리 차져서 맛이 구수한 편이다.

　이 지방의 한과로는 좁쌀가루에 옥수수조청을 부어서 반죽한 후 한 주걱씩 떼어 좁쌀가루고물을 묻혀낸 태석이라 불리는 엿이 유명하다.

Ⅲ. 음청류

1. 음청류의 역사

술 이외의 기호성 음료를 총칭하여 음청류(飮淸類)라고 하며 차(茶)·식혜(食醯)·수정과(水正果)·화채(花菜)·탕(湯)·장(漿)·밀수(蜜水)·갈수(渴水)·숙수(熟水)·즙(汁)·수단 등으로 분류된다. 제철에 나는 재료를 사용하여 다양한 조리법으로 만들었고 일상식 외에도 절식, 제례, 대·소연회식 때 후식류로 발달하여 한국 고유의 전통음료로 자리 잡게 되었다.

1) 삼국시대

삼국시대에 들어서면서 식생활이 체계화되어 주식, 부식, 후식의 형태로 나누어지면서 음청류는 후식류로 발달하게 되었다. 『삼국유사(三國遺事)』 「가락국기(駕洛國記)」에 신라가 가야를 합병한 후 대가야의 수로왕 17대손에게 선조의 제를 지내도록 하였는데 제물은 술·감주·떡·쌀밥·차·과로 기록되어 있으며 『삼국사기(三國史記)』에는 683년 신라의 신문왕이 왕비를 맞이할 때 폐백품목으로 쌀·술·장·시·

포·혜와 함께 꿀이 들어 있었다고 하였다. 차(茶)는 신라 28대 선덕여왕 때 들어왔다고 기록되어 있으며 이후 불교문화의 도입으로 전파되었다.

2) 고려시대

찻잎으로 만든 차(茶)는 고려시대에 성행하여 팔관회, 연등회 등의 행사에 쓰였다. 특히 형식적인 진다의식(進茶義式)을 중시하였고 사신을 맞이할 때도 임금이 차를 하사하였다. 『증보산림경제(增補山林經濟)』와 『옹희잡지』 등에서 "숙수란 향약초를 달여서 만든 것으로 송나라 사람이 즐겨 마시는 것이다. 우리나라에서는 밥을 지은 뒤 솥바닥에 붙은 밥에 물을 붓고 끓인 것을 숙수(숭늉)라 한다. 이름은 같고 실물은 다르다"고 기술하고 있다. 향약초를 달인 숙수는 조선시대에 이르러 여러 가지 음청류로 개발되었다.

3) 조선시대

잎으로 만든 차가 쇠퇴하고 향약을 이용한 음청류가 발달하였으며 고대로부터 전래된 미시·밀수·식혜 등이 보편화되고 화채·수정과 등이 발달하게 되었다. 조선시대는 전통음식이 꽃을 파운 시기인 만큼 음청류도 다양하며 조리기술도 발달된 시기라고 볼 수 있다.

2. 음청류의 분류

1) 차

여러 가지 향약을 달여서 마시는 것이다.

❀ 감로차, 감잎차, 결명자차, 계지차, 구기자차, 국화차, 당귀차, 대추차, 두충
차, 둥글레차, 매실차, 보리차, 쌍화차, 생강차, 오가피차, 오미자차, 오과차,
유자차, 율무차, 인삼차 등

2) 식혜

밥을 엿기름으로 삭혀 만든 것이다.

❀ 감주, 석감주, 식혜, 안동식혜, 엿감주 등

3) 수정과

계피와 생강을 넣고 달여 곶감을 띄워 만든 것이다.

❀ 가련수정과, 잡과수정과 등

4) 화채

여러 가지 과일을 얇게 저미거나 식용꽃 등을 꿀이나 설탕에 재워 물을 부어 만드
는 것이다.

❀ 모과화채, 배숙, 딸기화채, 산사화채, 앵두화채, 유자화채, 수박화채, 창면,
화면 등

5) 탕

한약재를 가루로 내어 끓이거나 오랫동안 졸여 고(膏)를 만들어 타서 마시는 음료이다.

❀ 제호탕, 봉수탕, 쌍화탕, 여지탕 등

6) 장

여러 가지 향약을 가루로 하여 꿀에 재운 것이나 과일 등을 얇게 저며 꿀 또는 설탕에 재웠다가 물에 타서 마시는 것이다.

❀ 계장, 여지장, 모과장, 유자장 등

7) 밀수

재료를 꿀물에 타거나 띄워서 마시는 것이다.

❀ 송화밀수, 구선왕고도미수, 보리미수, 찹쌀미수 등

8) 갈수

향약이나 과일을 꿀이나 설탕에 담아 우러난 것을 물에 타서 마시도록 한 것이다.

❀ 오미갈수, 임금갈수, 모과갈수 등

9) 숙수

한약재 가루와 꿀, 물을 넣고 달여 만든 것과 꽃이나 잎을 끓는 물에 넣고 향기를 우려내어 식힌 향약음료이다.

❀ 율추숙수, 자소숙수, 정향숙수 등

10) 즙

소재나 열매 등을 갈거나 짜낸 것이다.

❀ 당근즙, 시금치즙, 양파즙, 우엉즙 등

11) 수단

보리나 흰떡에 녹말을 입혀서 익힌 뒤 꿀물에 띄운 것
이다.

❀ 떡수단, 보리수단, 원소병 등

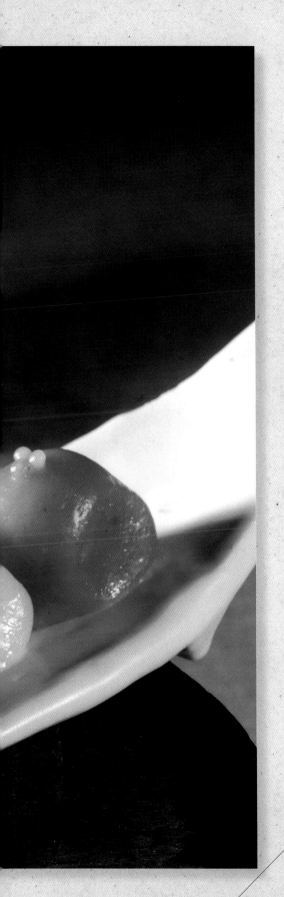

I

떡류

- 찌는 떡
- 치는 떡
- 삶는 떡
- 지지는 떡

백설기

멥쌀가루에 소금을 섞어 시루에 쪄낸 켜 없는 떡으로 흰무리라고도 하며 백일, 돌, 생일 때 많이 하며 아무것도 섞지 않은 순수한 것으로 순결과 축원을 기원하는 의미를 지닌다.

● **재료 및 분량**

멥쌀가루 5컵 · 소금 1/4큰술 · 설탕 4큰술

● **만드는 법**

1 멥쌀은 깨끗이 씻어 8~12시간 불려서 체에 건져 물기를 빼고 소금을 넣고 빻아서 고운체에 내려 가루를 만든다.

2 쌀가루에 물을 넣고 비벼서 주먹으로 쥐어 살짝 던져보아 덩어리가 깨지지 않을 정도가 되면 다시 체에 내린다. 설탕을 넣고 고루 섞는다.

3 찜기에 물을 붓고 센 불에 올려 김이 오르면 시루밑을 깔고 떡틀을 놓은 뒤 떡틀 안에 멥쌀가루를 넣어 수평으로 평평하게 한 다음 20분 정도 쪄낸다.

4 불을 끄고 5분 정도 뜸을 들인 후 그릇에 담는다.

석이설기

멥쌀가루에 곱게 다진 석이를 섞어 찜기에 안쳐서 찐 다음 꽃모양으로 떡을 빚어 장식한다. 석이는 고산지대 바위에 분포하고 있어 채취가 어렵다.

● 재료 및 분량

멥쌀가루 5컵 · 소금 1/4큰술 · 설탕 4큰술 · 석이 5g

● 만드는 법

1 멥쌀은 깨끗이 씻어 8~12시간 불려서 체에 건져 물기를 뺀 뒤 소금을 넣고 빻아서 고운체에 내려 가루를 만든다.

2 석이는 불려서 이끼를 칼끝으로 제거하고 곱게 다진다.

3 쌀가루에 물을 넣고 비벼서 주먹으로 쥐어 살짝 던져보아 덩어리가 깨지지 않을 정도가 되면 다시 체에 내린다. 다진 석이와 설탕을 넣고 고루 섞는다.

4 찜기에 물을 붓고 센 불에 올려 김이 오르면 시루밑을 깔고 떡틀을 놓은 뒤 떡틀 안에 쌀가루를 넣고 수평으로 평평하게 한 다음 20분 정도 쪄낸다.

5 불을 끄고 5분 정도 뜸을 들인 후 그릇에 담는다.

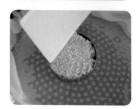

팥시루떡

고물로 쓰는 붉은팥은 귀신이 싫어하는 색이라 하여 평온무사, 풍년을 비는 고사를 지낼 때 팥시루떡이 쓰였으며 요즈음은 개업을 하거나 이사를 할 때 팥시루떡을 만들어 이웃과 나누어 먹으며 정을 나누고 무사안일을 기원한다.

● 재료 및 분량

멥쌀가루 2컵 · 찹쌀가루 1컵 · 소금 1/2작은술 · 설탕 1큰술 · 팥고물 3컵

❁ 팥고물
붉은팥 1컵 · 소금 1/4큰술 · 설탕 3큰술

● 만드는 법

1 멥쌀과 찹쌀은 각각 씻어 8~12시간 불려서 체에 건진 후 소금을 넣고 빻아서 체에 내려 가루를 만든다.

2 붉은팥은 깨끗이 씻어 7배의 물을 붓고 불린 다음 팥이 무르도록 삶은 후 분쇄기에 갈아 소금, 설탕을 넣고 고루 섞어 고물을 만든다.

3 멥쌀가루와 찹쌀가루를 섞은 뒤 물을 넣고 손으로 골고루 비벼서 주먹으로 쥐어 살짝 던져보아 깨지지 않을 정도가 되면 체에 내린다. 설탕을 넣고 섞는다.

4 찜기에 물을 붓고 센 불에 올려 김이 오르면 시루밑을 깔고 떡틀을 놓은 뒤 떡틀 안에 팥고물을 뿌린 다음 쌀가루를 안치고 팥고물을 올려 수평으로 평평하게 하여 20분 정도 쪄낸다.

5 불을 끄고 5분 정도 뜸을 들여 그릇에 담아낸다.

콩시루떡

멥쌀에 콩가루를 켜켜이 놓아 떡을 만든 것으로 곡류와 콩을 혼합하여 만드는 방법이 쉽고 영양가도 높은 떡이다.

● 재료 및 분량

멥쌀가루 2컵 · 찹쌀가루 2컵 · 소금 2/3작은술 · 설탕 3큰술 · 콩고물 3½컵

※ **콩고물**
노란 콩 2컵 · 소금 1/3작은 술 · 설탕 3큰술

● 만드는 법

1 멥쌀과 찹쌀은 각각 씻어 8~12시간 불려서 체에 건진 후 소금을 넣고 빻아서 체에 내려 가루를 만든다.

2 노란 콩은 깨끗이 씻어 4시간 불린 다음 찜기에 김이 오르면 넣고 10분 정도 찐 후 분쇄기에 갈아서 거친 체에 2회 내리고 고운체에 1회 내려서 소금, 설탕을 넣고 고루 섞는다.

3 멥쌀가루와 찹쌀가루를 섞어 물을 넣고 손으로 골고루 비벼서 주먹으로 쥐어 살짝 던져보아 깨지지 않을 정도가 되면 체에 내린다. 설탕을 넣고 섞는다.

4 찜기에 물을 붓고 센 불에 올려 김이 오르면 시루밑을 깔고 떡틀을 놓은 뒤 떡틀 안에 콩고물과 쌀가루를 두 켜씩 안친 다음 맨 위에 콩고물을 올려 수평으로 평평하게 하여 20분 정도 쪄낸다.

5 불을 끄고 5분 정도 뜸을 들여 그릇에 담아낸다.

거피팥시루떡

● 재료 및 분량

멥쌀가루 2컵 · 찹쌀가루 1컵 · 소금 1/2작은술 · 설탕 2큰술 · 거피팥고물 3컵

❀ **거피팥고물**
거피팥 1컵 · 소금 1/2큰술 · 설탕 3큰술

● 만드는 법

1 멥쌀과 찹쌀은 각각 씻어 8~12시간 불려서 체에 건진 후 소금을 넣고 빻아서 체에 내려 가루를 만든다.

2 거피팥을 깨끗이 씻어 7배의 물을 붓고 불린 다음 팥을 무르게 삶아서 분쇄기에 갈아 소금, 설탕을 넣고 고루 섞어 고물을 만든다.

3 멥쌀가루와 찹쌀가루를 섞어 물을 넣어 손으로 골고루 비벼서 주먹으로 쥐어 살짝 던져보아 깨지지 않을 정도가 되면 체에 내려서 설탕을 넣고 섞는다.

4 찜기에 물을 붓고 센 불에 올려 김이 오르면 시루밑을 깔고 떡틀을 놓은 뒤 떡틀 안에 거피팥고물과 쌀가루를 두 켜씩 안친 다음 맨 위에 거피팥고물을 올려 수평으로 평평하게 하여 20분 정도 쪄낸다.

5 불을 끄고 5분 정도 뜸을 들여 그릇에 담아낸다.

대추설기

대추를 끓여 과육만 내린 후 멥쌀가루에 섞어 떡을 만들면 색도 좋고 신경안정효과도 뛰어나 정서 안정에 좋다.

● 재료 및 분량

멥쌀가루 5컵 · 소금 1/4큰술 · 설탕 3큰술 · 대추고 3큰술

● 만드는 법

1 멥쌀은 깨끗이 씻어 8~12시간 불려서 체에 건져 물기를 빼고 소금을 넣고 빻아서 고운체에 내려 가루를 만든다.

2 대추를 푹 삶아서 체에 걸러 껍질과 씨를 제거하고 속살은 두꺼운 냄비에 담아 나무주걱으로 저어가며 서서히 조려 대추고를 만든다.

3 쌀가루에 대추고를 넣고 비벼서 주먹으로 쥐어 살짝 던져보아 덩어리가 깨지지 않을 정도가 되면 다시 체에 내린다. 설탕을 넣고 고루 섞는다.

4 찜기에 물을 붓고 센 불에 올려 김이 오르면 시루밑을 깔고 떡틀을 놓은 뒤 떡틀 안에 쌀가루를 넣고 수평으로 평평하게 하여 20분 정도 쪄낸다.

5 불을 끄고 5분 정도 뜸을 들인 후 그릇에 담는다.

녹두시루떡

녹두를 불려 찐 후 가루로 만든 가루 고물이나 통녹두 고물을 깔고, 체에 내린 쌀가루를 놓고 다시 고물을 덮어 쪄낸다. 주로 여름철에 많이 해 먹는 떡이다.

● 재료 및 분량

멥쌀가루 2컵 · 찹쌀가루 1컵 · 소금 1/2작은술 · 설탕 2큰술 · 녹두고물 3컵

✿ **녹두고물**
거피녹두 1컵 · 소금 1/2큰술 · 설탕 3큰술

● 만드는 법

1 멥쌀과 찹쌀은 각각 씻어 8~12시간 불려서 체에 건진 후 소금을 넣고 빻아서 체에 내려 가루를 만든다.

2 녹두는 깨끗이 씻어 7배의 물을 붓고 불린 다음 무르게 쪄서 분쇄기에 갈아 소금, 설탕을 넣고 고루 섞어서 고물을 만든다.

3 멥쌀가루와 찹쌀가루를 섞어 물을 넣어 손으로 골고루 비벼서 주먹으로 쥐어 살짝 던져보아 깨지지 않을 정도가 되면 체에 내려서 설탕을 넣고 섞는다.

4 찜기에 물을 붓고 센 불에 올려 김이 오르면 시루밑을 깔고 떡틀을 놓은 뒤 떡틀 안에 녹두고물과 쌀가루를 두 켜씩 안친 다음 맨 위에 녹두고물을 올려 수평으로 평평하게 하여 20분 정도 쪄낸다.

5 불을 끄고 5분 정도 뜸을 들여 그릇에 담아낸다.

삼색설기

멥쌀가루에 단호박, 흑임자가루, 녹차가루 등을 각각 섞어서 찜기에 면보자기를 깔고 찐 떡이다.

● 재료 및 분량

멥쌀가루 4½컵 · 찹쌀가루 1/2컵 · 소금 1/4큰술 · 백년초가루 1작은술
설탕 4큰술
멥쌀가루 4½컵 · 찹쌀가루 1/2컵 · 소금 1/4큰술 · 단호박 2큰술
설탕 4큰술
멥쌀가루 4½컵 · 찹쌀가루 1/2컵 · 소금 1/4큰술 · 녹차가루 1작은술
설탕 4큰술

● 만드는 법

1 소금을 넣고 빻은 멥쌀가루와 찹쌀가루를 고루 섞어 체에 내려서 3등분한다.

2 단호박을 잘라 씨를 발라내고 찜기에 찐 다음 속부분만 체에 내려서 쌀가루에 넣고 손으로 비벼서 고루 섞은 후 체에 2번 내린다.

3 쌀가루에 각각 백년초가루, 녹차가루를 넣고 섞은 후 물을 넣어 손으로 골고루 비벼서 주먹으로 쥐어 살짝 던져보아 깨지지 않을 정도가 되면 체에 2번 내린다.

4 삼색 쌀가루가 각각 보슬보슬한 상태가 되면 설탕을 넣고 고루 섞는다.

5 찜기에 물을 붓고 센 불에 올려 김이 오르면 시루밑을 깔고 떡틀을 놓은 뒤 떡틀 안에 삼색 쌀가루를 각각 넣고 수평으로 평평하게 하여 20분 정도 쪄낸다.

6 불을 끄고 5분 정도 뜸을 들인 후 그릇에 담는다.

무지개떡

떡가루에 켜를 만들지 않고 한 덩어리가 되게 찌는 떡을 무리떡, 설기떡이라 한다. 무지개떡케이크는 무리떡의 일종으로 딸기, 호박, 쑥 등으로 자연의 색을 내어 은은하면서도 아름답다.

● 재료 및 분량

멥쌀가루 5컵 · 소금 1/4큰술 · 설탕 4큰술
딸기가루 1/2작은술 · 호박가루 1/2작은술 · 푸른색 음료 1큰술
커피가루 1작은술

● 만드는 법

1 쌀은 깨끗이 씻어 8~12시간 불린 뒤 체에 건져 물기가 빠지면 소금을 넣고 빻아서 체에 내린다.

2 쌀가루를 5등분하여 흰색 쌀가루, 딸기가루, 호박가루, 푸른색 음료. 커피가루로 색을 내어 물 반죽을 한 다음 체에 여러 번 내린다.

3 각각에 설탕을 넣고 고루 섞는다.

4 찜기에 물을 붓고 센 불에 올려 김이 오르면 시루밑을 깔고 떡틀을 놓은 뒤 떡틀 안에 쌀가루를 켜켜이 넣고 수평으로 평평하게 하여 20분 정도 쪄낸다.

5 불을 끄고 5분간 뜸을 들여 그릇에 담는다.

커피설기

멥쌀가루에 액상커피와 우유를 넣고 찐 다음 분설탕, 아몬드로 장식하여 현대인의 기호에 맞춘 떡이다.

● 재료 및 분량

멥쌀가루 5컵 · 소금 1/4큰술 · 설탕 5큰술 · 우유 4큰술 · 버터 2큰술
액상커피 2½큰술 · 블루베리잼 1큰술 · 피스타치오 10개 · 대추 2개

● 만드는 법

1 멥쌀을 깨끗이 씻어 8~12시간 불렸다가 체에 건져서 분량의 소금을 넣고 가루로 빻아 체에 내린다.

2 멥쌀가루에 버터를 넣고 잘 비벼 체에 내린다.

3 체에 내린 멥쌀가루에 우유와 액상커피를 넣고 고루 비벼서 수분을 조절한 다음 다시 체에 3번 내리고 설탕을 넣어 고루 섞는다.

4 찜기에 물을 붓고 센 불에 올려 김이 오르면 시루밑을 깔고 떡틀을 놓은 뒤 떡틀 안에 쌀가루를 넣고 수평으로 평평하게 하여 20분 정도 쪄낸다.

5 불을 끄고 5분간 뜸을 들이고 블루베리잼, 피스타치오, 대추채로 장식한다.

딸기설기

멥쌀가루에 으깬 딸기 과육이나 시판하는 딸기가루를 섞고 체에 내
려 쪄내는 시루떡이다. 딸기 과육은 조려서 떡 위에 장식용 고명으
로 올리기도 한다.

● 재료 및 분량

멥쌀가루 5컵 · 소금 1/4큰술 · 딸기즙 3큰술 · 딸기시럽 약간 · 설탕 5큰술

● 만드는 법

1 멥쌀은 깨끗이 씻어 8~12시간 불려서 체에 건져 물기를 빼고 소금을
넣고 가루로 빻아서 체에 내린다.

2 딸기는 깨끗이 씻어 체에 내려서 즙을 만든다.

3 멥쌀가루의 반은 딸기즙과 딸기시럽을 넣어 고루 섞고 반은 물을 넣고
고루 섞어 각각 주먹으로 쥐어 살짝 던져보아 덩어리가 깨지지 않을
정도가 되면 체에 여러 번 내리고 설탕을 넣고 섞어서 찜기에 켜켜이
담는다.

4 찜기에 물을 붓고 센 불에 올려 김이 오르면 시루밑을 깔고 떡틀을 놓
은 뒤 떡틀 안에 쌀가루를 넣고 수평으로 평평하게 하여 20분 정도 쪄
낸다.

5 불을 끄고 5분간 뜸을 들이고 사과정과와 무정과로 꽃장식을 한다.

코코아설기

백설기처럼 만드는 설기떡인데 흰 떡가루 한 가지로 하지 않고 코코아가루를 섞어서 색과 맛을 내기도 한다. 전통떡은 아니고 현대에 만들어진 떡이다.

● 재료 및 분량

멥쌀가루 5컵 · 소금 1/4큰술 · 설탕 5큰술 · 우유 4큰술 · 버터 2큰술
코코아가루 3큰술 · 당근정과 3개

● 만드는 법

1 멥쌀을 깨끗이 씻은 후 8~12시간 불렸다가 체에 건져서 분량의 소금을 넣고 가루로 빻아 고운체에 내린다.

2 멥쌀가루에 버터를 넣고 잘 비벼 체에 내린다.

3 체에 내린 멥쌀가루에 우유와 코코아가루를 넣고 고루 비벼서 수분을 조절한 다음 다시 체에 3번 내리고 설탕을 넣고 고루 섞는다.

4 김이 오른 찜기에 20분 정도 찐 후 뜸을 들이고 한 김 나가면 당근정과로 장식한다.

반달송편

멥쌀가루를 익반죽하여 알맞은 크기로 떼어 거기에 소를 넣고 반달
모양으로 빚어 솔잎을 깔고 찐 떡. 소는 깨·팥·콩·녹두·밤 등
이 사용된다. 추석에 빚는다.

● **재료 및 분량**

멥쌀가루 10컵 · 소금 1/2큰술 · 단호박 2작은술 · 백련초가루 2작은술
녹차가루 1/2작은술

✿ **소**

통깨 2컵 · 설탕 1/2컵 · 소금 약간

● **만드는 법**

1 멥쌀은 깨끗이 씻어 8~12시간 불려서 체에 건진 뒤 소금을 넣고 가루
로 빻아서 체에 내려 3등분한다.

2 단호박을 잘라 씨를 제거하고 찜기에 찐 다음 속부분만 체에 내린 후
쌀가루를 넣고 반죽한다.

3 쌀가루에 백련초가루와 녹차가루를 각각 넣고 뜨거운 물로 익반죽한
다.

4 통깨를 빻아서 설탕, 소금을 고루 섞어 소를 만들어 놓는다.

5 삼색 반죽에 각각 소를 넣고 반달모양으로 빚어 꽃모양 틀로 찍은 뒤
고명을 하여 김이 오른 찜기에 넣고 20분 정도 쪄낸다.

콩송편

송편은 멥쌀가루에 섞는 재료에 따라 쑥송편, 송기송편 등으로 구분하고 무엇을 소로 넣느냐에 따라 달리 부른다.

● 재료 및 분량

멥쌀가루 5컵 · 소금 1/4큰술
콩 2/3컵 · 설탕 1큰술 · 소금 1작은술 · 참기름 1큰술

● 만드는 법

1 멥쌀은 깨끗이 씻어 8~12시간 불린 뒤 체에 건져 물기를 빼고 소금을 넣은 다음 가루로 빻아서 체에 내린다.

2 묵은 콩은 불리고 풋콩일 때는 불리지 않고 설탕, 소금을 넣고 조려서 살짝 말린다.

3 쌀가루를 뜨거운 물로 익반죽하여 치댄 후 콩을 넣고 고루 섞어 젖은 면보자기를 덮어 놓는다.

4 반죽을 한 덩어리씩 떼어 손에 꼭 쥐어 모양을 낸다.

5 김이 오른 찜기에 젖은 면보자기를 깔고 빚은 송편을 서로 닿지 않게 놓고 20분 정도 찐다.

6 다 쪄지면 찬물에 헹구어 체에 건져서 물기를 빼고 참기름을 바른다.

호박송편

호박송편은 가을에 나는 호박을 썰어 말렸다가 가루로 만들거나 찐 호박을 으깨어 멥쌀가루와 섞어 반죽한 뒤, 볶은 통깨나 대추로 소를 만들어 넣고 호박모양으로 송편을 빚어 찜통에 쪄낸 떡이다. 호박에는 카로틴(carotene)과 섬유질 등이 다량 함유되어 있다.

● 재료 및 분량

멥쌀가루 10컵 · 소금 1/2큰술 · 단호박 1/2개 · 녹차가루 1/2작은술

✿ 소

통깨 2컵 · 설탕 1/2컵 · 소금 약간

● 만드는 법

1 멥쌀은 깨끗이 씻어 8~12시간 불린 뒤 체에 건져 소금을 넣고 가루로 빻아서 체에 내린다.

2 단호박을 잘라서 씨를 제거하고 찜기에 찐 다음 속부분만 체에 내린 후 쌀가루를 넣고 반죽한다.

3 통깨를 빻은 뒤 설탕, 소금을 넣고 고루 섞어 소를 만들어 놓는다.

4 반죽에 소를 넣어 호박모양으로 빚고 녹차가루를 섞은 반죽으로 호박 꼭지를 만들어 김이 오른 찜기에 넣고 20분 정도 쪄낸다.

송편

가장 먼저 추수한 햅쌀로 빚은 송편을 '오려송편'이라 하여 추석에 조상의 차례상과 묘소에 올리며 솔잎을 깔고 송편을 찌면 솔잎 자국과 은은한 솔내음이 나서 떡의 맛을 더한다. 송병(松餅) 또는 송엽병(松葉餅)이라고도 부른다.

● 재료 및 분량

멥쌀가루 10컵 · 소금 1/2큰술 · 녹차가루 1/2작은술 · 호박가루 1/2작은술
백련초가루 1/2작은술 · 포도가루 1/2작은술

❀ 소

통깨 2컵 · 설탕 1/2컵 · 소금 약간

● 만드는 법

1 멥쌀은 깨끗이 씻어 8~12시간 불린 후 체에 건져 소금을 넣고 가루로 빻아서 체에 내린다.

2 쌀가루를 4등분하여 각각의 가루를 넣고 익반죽한다.

3 통깨를 빻아 설탕, 소금을 넣고 고루 섞어 소를 만들어 놓는다.

4 소를 넣고 송편을 빚어 김이 오른 찜기에 넣고 20분 정도 쪄낸다.

조개송편

쌀가루에 흑임자를 곱게 갈아 넣고 익반죽하여 소를 넣고 조개모양
으로 작고 예쁘게 빚은 떡이다.

● 재료 및 분량

멥쌀가루 10컵 · 소금 1/2큰술 · 볶은 흑임자 2큰술

✿ 소
통깨 2컵 · 설탕 1/2컵 · 소금 약간

● 만드는 법

1 멥쌀은 깨끗이 씻어 8~12시간 불린 뒤 체에 건져 소금을 넣고 가루로
빻아서 체에 내린다.

2 흑임자는 분쇄기에 넣고 곱게 갈아 쌀가루에 넣고 익반죽을 한다.

3 통깨를 빻아서 설탕, 소금을 넣고 고루 섞어 소를 만들어 놓는다.

4 반죽에 소를 넣고 조개모양으로 빚어 김 오른 찜기에 넣고 20분 정도
쪄낸다.

팥소송편

소는 깨·팥·콩·녹두·밤 등이 사용되어 소로 무엇을 넣느냐에 따라 그 종류가 달라지고 소를 준비하는 절차는 재료에 따라 다르다.

● 재료 및 분량

멥쌀가루 10컵 · 소금 1/2큰술 · 치자 2개 · 백련초가루 1/2작은술
녹차가루 1/2작은술

❀ 소
붉은팥 1컵 · 설탕 3큰술 · 소금 1/4큰술

● 만드는 법

1 멥쌀은 깨끗이 씻어 8~12시간 불린 뒤 체에 건져 소금을 넣고 가루로 빻아서 체에 내려 4등분한다.

2 치자는 반으로 갈라 물을 붓고 색이 우러나면 끓인 후 쌀가루에 넣어 익반죽을 한다.

3 쌀가루에 백련초가루와 녹차가루를 각각 넣고 뜨거운 물로 익반죽한다.

4 팥을 깨끗이 씻어 7배의 물을 붓고 불린 다음 팥이 물기 없이 무르도록 삶아 뜸을 들인 후 분쇄기에 갈아 소금, 설탕을 넣고 고루 섞어 팥소를 만든다.

5 4색 반죽에 각각 소를 넣고 둥근 모양으로 빚어 꽃모양 틀로 살짝 눌러 김이 오른 찜기에 넣고 20분 정도 쪄낸다.

감자송편

감자녹말은 깨끗한 감자를 골라 껍질을 벗기고 갈아서 건더기를 면 보자기에 꼭 짜 그 물을 가라앉혀 앙금을 말려 가루로 만든다. 생감 자를 강판에 갈아 건더기를 반죽에 섞기도 한다. 감자녹말을 익반 죽하여 팥소나 밤소 등을 넣고 송편으로 빚어 찐 떡으로 쫄깃한 맛 이 일품이다.

● **재료 및 분량**

감자녹말 5컵 · 밤 15개 · 설탕 1큰술 · 소금 1/4작은술

✿ **녹두소**

거피녹두 1컵 · 소금 1/2큰술 · 설탕 3큰술

● **만드는 법**

1 감자녹말을 끓는 물로 익반죽한다.

2 녹두는 깨끗이 씻어 7배의 물을 붓고 불린 다음 무르도록 삶아 분쇄기 에 갈아 소금, 설탕을 넣고 고루 섞어서 고물을 만든다.

3 1의 반죽을 떼어 동글납작하게 빚어 녹두소를 넣고 입을 모아서 동그 랗게 빚는다.

4 김이 오른 찜기에 넣고 투명하게 익을 때까지 찐다.

모듬설기

멥쌀가루에 밤, 대추, 콩 등을 넣고 버무려 시루에 찐 떡이다. 쌀밥을 많이 먹는 우리의 식습관으로 볼 때 밤, 대추, 콩 등을 넣음으로써 맛을 좋게 하고 영양섭취를 균형 있게 할 수 있도록 하였다.

● 재료 및 분량

멥쌀가루 5컵 · 소금 1/4큰술 · 설탕 5큰술 · 검은콩 50g · 밤 6개
대추 8개 · 말린 호박 30g 등

● 만드는 법

1 멥쌀은 깨끗이 씻어 8~12시간 불린 뒤 체에 건져 물기를 빼고 소금을 넣고 가루로 빻아서 체에 내린다.

2 쌀가루에 물을 넣고 비벼서 주먹으로 쥐어 살짝 던져보아 덩어리가 깨지지 않을 정도가 되면 다시 체에 내리고 설탕을 넣고 고루 섞는다.

3 콩은 불려서 물기를 빼고 설탕, 소금을 넣고 살짝 조린다.

4 밤은 껍질을 벗기고 대추는 씨를 발라내고 썬다. 말린 호박도 썬다.

5 찜기에 물을 붓고 센 불에 올려 김이 오르면 시루밑을 깔고 떡틀을 놓은 뒤 떡틀 안에 쌀가루, 콩, 밤, 대추, 호박 등을 고루 섞어 담고 수평으로 평평하게 하여 20분 정도 쪄낸다.

6 불을 끄고 5분 정도 뜸을 들인다.

모듬백이

쇠머리찰떡은 모두배기·모듬백이라고 부르는 충청도의 향토음식이다. 쌀을 주식으로 하여 비타민 B_1의 섭취가 부족하기 쉬운 우리의 식생활에서 찹쌀가루에 밤, 대추, 팥, 콩을 넣고 만들어 영양을 보충한 찰떡이다. 특히 약간 굳었을 때 쇠머리편육처럼 썰어 구워 먹으면 더욱 맛이 좋다.

● 재료 및 분량

찹쌀가루 5컵 · 소금 1/4큰술 · 설탕 5큰술 · 생땅콩 1/3컵 · 청태 1/3컵
대추 3개 · 잣 2큰술

● 만드는 법

1 찹쌀은 깨끗이 씻어 8~12시간 불린 뒤 체에 건져 물기가 빠지면 소금을 넣고 빻는다.

2 생땅콩은 냄비에 담고 물을 부어 끓으면 첫물은 버려서 떫은맛을 없애고 다시 물을 부어 삶는다. 체에 건져서 물기를 빼고 이등분한다.

3 청태는 냄비에 담아 물을 부어 어느 정도 익으면 설탕, 소금을 넣어 간을 맞춘다.

4 대추는 씨를 빼고 잘게 썬다.

5 찹쌀가루에 물을 넣고 비벼서 주먹으로 쥐어 살짝 던져보아 덩어리가 깨질 정도가 되면 다시 체에 내려 설탕을 섞고 생땅콩, 청태, 대추, 잣 등을 넣어 버무린다.

6 찜기에 김이 오르면 젖은 면보자기를 깔고 15분 정도 쪄서 사각틀에 담아 굳힌다.

쑥모듬백이

어린 쑥을 데쳐 주변에서 쉽게 구할 수 있는 곡식과 여러 가지 과일 등의 재료를 넣고 찐 떡으로 영양을 고루 갖춘 뛰어난 건강식 떡이다.

● 재료 및 분량

찹쌀가루 8컵 · 어린 쑥 50g · 소금 1작은술 · 설탕 8큰술 · 생땅콩 1/2컵
청태 1/2컵 · 강낭콩 1/4컵 · 밤 4개

● 만드는 법

1 찹쌀은 깨끗이 씻어 8~12시간 불린 뒤 체에 건져 물기를 빼고 어린 쑥은 살짝 데쳐 소금을 넣고 같이 빻는다.

2 생땅콩은 냄비에 담고 물을 부어 끓으면 첫물은 버려서 떫은맛을 없애고 다시 물을 부어 삶는다. 체에 건져서 물기를 빼고 이등분한다.

3 청태와 강낭콩은 냄비에 담아 물을 붓고 어느 정도 익으면 설탕, 소금을 넣어 간을 맞춘다.

4 밤은 껍질을 벗기고 편으로 썬다.

5 쑥찹쌀가루에 물을 넣고 비벼서 주먹으로 쥐어 살짝 던져보아 덩어리가 깨질 정도가 되면 다시 체에 내린 뒤 설탕을 섞고 생땅콩, 청태, 강낭콩, 밤 등을 넣고 버무린다.

6 찜기에 김이 오르면 젖은 면보자기를 깔고 15분 정도 쪄서 사각틀에 담아 굳힌다.

무지개찰떡

찹쌀가루에 흑미, 단호박, 녹차, 백년초가루를 섞어 색을 낸, 맛과
영양이 우수한 떡이다.

● 재료 및 분량

찹쌀가루 10컵 · 소금 1/2큰술 · 설탕 1/2컵 · 청태 1/2컵 · 강낭콩 1/2컵
잣 약간

● 만드는 법

1 찹쌀은 깨끗이 씻어 8~12시간 불린 뒤 체에 건져 물기가 빠지면 소금
  을 넣고 빻는다.

2 단호박을 잘라서 씨를 제거하고 찜기에 찐 다음 속부분만 체에 내린
  다.

3 청태와 강낭콩은 냄비에 담아 물을 붓고 어느 정도 익으면 설탕, 소금
  을 넣어 간을 맞춘다.

4 찹쌀가루를 3등분하여 단호박, 백련초가루, 녹차가루를 넣고 물을 넣
  어 비빈 뒤 주먹으로 쥐어 살짝 던져보아 덩어리가 깨질 정도가 되면
  체에 내린다.

5 삼색 찹쌀가루에 설탕을 섞고 청태, 강낭콩, 잣 등을 각각 넣은 뒤 섞
  는다.

6 찜기에 김이 오르면 젖은 면보자기를 깔고 15분 정도 쪄서 긴 사각틀
  에 색깔별로 켜켜이 담아서 굳힌다.

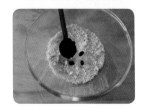

구름떡

찹쌀가루에 밤, 대추, 견과류를 넣고 쪄서 계핏가루와 팥가루를 섞은 고물을 뿌려서 식은 후 썰면 떡의 단면이 구름과 같다고 해서 붙여진 이름이다.

● 재료 및 분량

찹쌀가루 4컵 · 팥가루 2/3컵 · 소금 2/3작은술 · 설탕 4큰술
대추 3개 · 밤 3개 · 호두 3쪽 · 잣 2큰술 · 검은콩 1/3컵

● 만드는 법

1 찹쌀은 깨끗이 씻어 8~12시간 불린 뒤 체에 건져 물기를 빼고 소금을 넣고 빻는다.

2 대추, 밤, 호두는 굵직하게 썬다. 검은콩은 물에 푹 불려 소금을 약간 뿌려 놓는다.

3 반 갈라놓은 팥에 물을 붓고 푹 삶아 체에 내려 건지는 버리고 몇 시간 두어 앙금이 가라앉으면 윗물을 버리고 앙금은 두꺼운 팬에 담아 수분을 날려 팥가루를 만든다. 준비하기 어려우면 시판하는 팥가루를 쓴다.

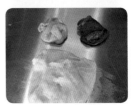

4 찹쌀가루에 물을 넣고 비벼서 주먹으로 쥐어 살짝 던져보아 덩어리가 깨질 정도가 되면 체에 내리고 설탕, 대추, 밤, 호두, 잣, 검은콩을 고루 섞어 김 오른 찜통에 15분 정도 쪄낸다.

5 직사각형 틀에 팥가루를 골고루 뿌리고 쪄낸 떡을 한 덩어리씩 떼어 팥가루를 묻히고 살짝 털어서 꼭꼭 눌러 채운 다음 팥가루를 뿌린다. 굳으면 적당한 크기로 썬다.

흑임자, 푸른콩가루, 구름떡도 같은 방법으로 만든다.

깨찰편

찹쌀가루에 물을 내려 소금, 설탕을 고루 섞어 반으로 나눈 다음 젖은 면보자기를 깐 시루에 참깨가루, 찹쌀가루, 검은깨가루 순으로 켜켜이 안쳐 찐 떡이다.

● 재료 및 분량

찹쌀가루 4컵 · 소금 2/3작은술 · 설탕 4큰술 · 물 2큰술

❀ **참깨고물**
참깨 3/4컵 · 소금 1/2작은술

❀ **검은깨고물**
검은깨 1/2컵 · 소금 1/2작은술

● 만드는 법

1 찹쌀은 깨끗이 씻어 8~12시간 불린 뒤 체에 건져 물기가 빠지면 소금을 넣고 빻는다.

2 찹쌀가루에 물을 넣고 비벼서 주먹으로 쥐어 살짝 던져보아 덩어리가 깨질 정도가 되면 체에 내리고 설탕을 넣고 고루 섞는다.

3 참깨와 흑임자는 깨끗이 씻어 일어서 팬에 볶은 다음 곱게 갈아서 소금을 넣고 체에 내린다.

4 찜기에 젖은 면보자기를 깐 뒤 사각틀을 올려놓고 참깨고물을 뿌린 다음 찹쌀가루를 1cm 높이로 놓고 검은깨고물을 올려 김이 오른 후 30분 정도 쪄낸다.

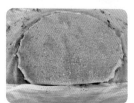

5 찐 떡이 식으면 둥글게 돌돌 말아 썬다.

흑미찰떡

생땅콩을 쪄서 곱게 다진 것을 깔고 흑미 찹쌀가루를 켜켜이 안쳐 찐 떡이다.

● 재료 및 분량

흑미찹쌀가루 1컵 · 찹쌀가루 2컵 · 설탕 3큰술 · 소금 1/2작은술

❀ **생땅콩고물**

생땅콩 2컵 · 커피팥고물 1/3컵 · 설탕 1½큰술 · 소금 1/3작은술

● 만드는 법

1 흑미찹쌀과 찹쌀을 불려 체에 건진 후 소금을 넣고 빻는다.

2 생땅콩은 씻어서 찜기에 찐 후 살짝 갈아서 거피팥고물, 설탕, 소금을 넣어 고물을 만든다.

3 쌀가루에 물을 넣고 비벼서 주먹으로 쥐어 살짝 던져보아 덩어리가 깨질 정도가 되면 다시 체에 내리고 설탕을 넣고 고루 섞는다.

4 찜기에 김이 오르면 젖은 면보자기를 깔고 생땅콩고물 한 켜, 쌀가루 한 켜씩을 3번 반복한 후 18분 정도 쪄서 낸다.

두텁떡

임금의 탄신일에 올랐던 귀한 떡으로 맛이 훌륭하고 정성도 많이 담겼다. 『규합총서』, 『시의전서』 등의 고조리서를 통하여 시루에 안칠 때 봉우리모양으로 소복하게 안치므로 봉우리떡, 소를 넣고 뚜껑을 덮어 안치는 모양이 그릇 중의 합과 같다는 뜻으로 합병, 두툼하게 하나씩 먹는 떡이라는 뜻으로 후병(厚餅)으로 불렸음을 알 수 있다.

● 재료 및 분량

찹쌀가루 2컵 · 간장 1/3큰술 · 설탕 1/3컵 · 거피팥고물 4컵
계핏가루 1/2작은술 · 후추 1/4작은술 · 밤 2개 · 대추 3개
잣 1큰술 · 유자청 1/2큰술

❊ **떡가루양념** 찹쌀가루 1컵 · 간장 1/2작은술 · 설탕 1큰술
❊ **팥고물양념** 거피팥고물 2⅓컵 · 간장 1/2큰술 · 설탕 3큰술
　계핏가루 1/2작은술 · 후추 1/4작은술
❊ **팥소** 거피팥고물 2/3컵 · 꿀 1큰술 · 유자청 1작은술 · 설탕 1작은술
　밤 1개 · 대추 3개 · 잣 2큰술

● 만드는 법

1 찹쌀은 깨끗이 씻어 충분히 불려서 건진 뒤 물기를 빼고 빻아서 간장, 설탕을 넣고 양손으로 고루 비벼서 다시 체에 내려둔다.

2 팥은 8~12시간 충분히 불려서 거피하여 찜통에 푹 무르게 찐다.

3 무르게 익은 팥을 방망이로 찧어 간장, 설탕, 계핏가루, 후춧가루를 넣어 고루 섞는다. 두꺼운 팬에 주걱으로 뒤집어가며 보슬보슬해질 때까지 볶아 체에 내린다.

4 밤은 껍질을 벗겨 잘게 썰고 대추도 씨를 발라 썰고 설탕에 재웠던 유자를 건져 곱게 다진다.

5 3의 볶은 팥고물 중 2/3컵을 덜어 꿀, 유자청, 다진 유자를 고루 섞은 후 밤, 대추, 잣을 박아서 직경 2cm의 동글납작한 모양의 소를 빚는다.

6 찜통이나 시루에 젖은 면보자기를 깐 뒤 팥고물을 한 켜 깔고 찹쌀가루를 한 수저씩 놓고 팥소를 놓고 다시 그 위에 찹쌀가루를 한 수저씩 덮고 팥고물을 올려 10~15분간 찐다.

부편

밀양에서 즐겨 먹은 떡으로 찹쌀가루를 익반죽한 후 콩가루, 꿀, 계핏가루를 소로 넣고 둥글게 빚어 그 위에 대추를 얹어 찐 다음 고물을 입힌다.

● 재료 및 분량

찹쌀가루 1/2컵 · 멥쌀가루 1/2컵 · 소금 1/5작은술
쑥찹쌀가루 1/2컵 · 찹쌀가루 1/2컵 · 소금 1/5작은술
대추 5개

❀ 고물
거피팥 1컵 · 소금 1작은술 · 설탕 2큰술

❀ 소
거피팥 1컵 · 꿀 1큰술 · 설탕 2큰술 · 계핏가루 약간

● 만드는 법

1 찹쌀은 8~12시간 불린 뒤 체에 건져 소금을 넣고 빻아서 체에 내린다.

2 거피팥은 깨끗이 씻어서 12시간 이상 충분히 불려 쪄낸 후 소금을 넣고 빻아서 체에 내려 고물을 만든다.

3 거피팥고물에 꿀, 설탕, 계핏가루를 섞어 소를 만든다.

4 흰색은 찹쌀가루와 멥쌀가루를 섞어 익반죽한 후 소를 넣어 동글납작하게 빚고 쑥색은 쑥찹쌀가루와 찹쌀가루를 섞어 익반죽한 후 소를 넣어 동글납작하게 빚는다.

5 찜기에 김이 오르면 거피 팥고물을 한 켜 깔고 빚은 떡을 올려 5분 정도 모양이 흐트러지지 않을 정도로 익혀낸 후 1분간 뜸을 들여 고물을 묻히고 대추로 고명을 한다.

약식

예로부터 꿀을 약(藥)이라 하여 꿀밥을 약반(藥飯) 또는 약식이라 하였다는 설과, 먹는 것은 모두 약이라는 약식동원(藥食同源)사상에서 비롯되어 약식이 밥 중에서 가장 약(藥)이 된다 하여 약밥이라 불렀다는 설이 있다.

● 재료 및 분량

찹쌀 1.6kg · 간장 1/2컵 · 설탕 1¼컵 · 물엿 1/2컵 · 캐러멜소스 1/2컵
대추고 1/2컵 · 계핏가루 약간 · 밤 20톨 · 대추 40톨 · 잣 100g
참기름 5큰술

● 만드는 법

1 찹쌀은 씻은 후 물에 불려 건져서 물기를 제거하고 찜기에 면보자기를 깔고 충분히 익을 때까지 찐다.

2 설탕 1컵에 물 1/2컵을 넣고 끓여 갈색이 나면 더운물 1/2컵을 부어 캐러멜소스를 만든다.

3 대추는 푹 삶아서 체에 걸러 껍질을 제거하고 속살은 두꺼운 냄비에 담아 나무주걱으로 저어가며 서서히 조려서 대추고를 만든다.

4 간장, 설탕, 물엿, 캐러멜소스, 대추고, 계핏가루를 넣고 살짝 끓인 후 참기름을 넣어 약식소스를 만든다.

5 밤은 껍질을 벗기고 대추는 씨를 발라내어 적당한 크기로 썰고 약식소스를 넣고 살짝 조린다.

6 찐 찹쌀을 그릇에 쏟아 조린 밤, 대추, 잣을 넣고 고루 섞은 다음 면보자기를 씌워 2시간 정도 지난 후 김 오른 찜기에 젖은 면보자기를 깔고 쪄낸다.

약식의 유래

『삼국유사(三國遺事)』에 나오는 고서를 보면, 신라 21대 소지왕(炤智王) 10년 정월 보름날, 왕이 경주 남산의 천천정(天泉亭)에 친히 거동했을 때 갑자기 까마귀 떼가 날아들더니 그중 한 마리가 봉투 한 장을 떨어뜨리고 날아갔다. 신하들이 주워서 봤더니 "이걸 뜯어보면 두 사람이 죽고, 뜯지 않으면 한 사람이 죽는다"고 적혀 있었다. 한 사람은 왕이라 생각하고 서찰을 열어보니 "당장 환궁하여 내전 별실에 있는 금갑을 쏘라"고 적혀 있었다. 이에 왕과 신하들은 급히 환궁하여 금갑에 활을 쏘았는데 그 안에는 왕비와 내원(內院)의 분수승이 있었으며 왕을 죽일 모략을 하고 있었다. 왕은 두 사람을 주살하고 역모를 평정하게 되었다. 이후 왕은 까마귀 덕에 화를 면했다고 정월 대보름을 '오기일(烏忌日)'로 정하고, 까마귀를 닮은 검은색을 띤 약식을 지어 제(祭)도 지내고 까마귀에게 먹이로 주었다는 일화가 전해 내려오고 있다.

증편

술떡, 기주떡, 기주병으로 불리기도 하는 증편은 막걸리를 넣고 발효시켜 부풀려 찐 떡으로 술을 넣었기에 다른 떡에 비해 쉬지 않아 여름철에 주로 만들어 먹는다.

● 재료 및 분량

쌀가루 1kg · 소금 2/3큰술 · 생막걸리 1컵(드라이이스트 20g) · 설탕 1컵
물 2컵 · 백년초가루 1작은술 · 녹차가루 1작은술 · 치자 2개

● 만드는 법

1 멥쌀은 깨끗이 씻어 8~12시간 불려서 체에 건져 물기를 빼고 소금을 넣고 가루로 빻아 고운체에 내린다.

2 쌀가루, 생막걸리, 설탕, 물을 넣어 손으로 섞고 주걱으로 흘려서 후루룩 떨어지는 농도로 하여 랩으로 싸고 면보로 덮어 35~40℃에서 5~6시간 1차 발효시킨다.

3 1차 발효 시 반죽이 3배 정도 부풀면 골고루 저어 공기를 뺀 후 다시 덮어 2시간 정도 2차 발효를 시킨다.

4 2차 발효 시 반죽이 3배 정도 부풀면 4등분하여 흰색은 그대로 쓰고 나머지 반죽은 백년초가루, 녹차가루, 치자물을 각각 넣어 고루 섞는다.

5 김 오른 찜기에 불을 끄고 용기에 담아 부풀 때까지 3차 발효를 시켜 약한 불에서 15분간 찌다가 강한 불에서 20분간 찐 다음 10분 정도 뜸을 들인다.

6 증편은 2분 정도 식힌 다음 틀에서 꺼낸다.

단호박떡케이크

멥쌀가루에 찐 단호박을 섞어 찜기에 넣고 찐 다음 호박정과로 장식한다.

● 재료 및 분량

멥쌀가루 15컵 · 소금 3/4큰술 · 설탕 15큰술 · 단호박 1/4개 · 단호박정과 3개
강낭콩 1큰술 · 완두콩 1큰술 · 밤 3개

● 만드는 법

1 멥쌀을 깨끗이 씻어 8~12시간 불린 뒤 체에 밭쳐 소금을 넣고 빻아서 고운체에 내린다.

2 단호박을 4등분하여 씨를 제거한 후 한쪽은 편으로 썰고 나머지는 김 오른 찜통에 찐 다음 체에 내린다.

3 강낭콩과 완두는 냄비에 담아 물을 붓고 어느 정도 익으면 설탕, 소금을 넣고 간을 맞춘다.

4 밤은 껍질을 벗기고 편으로 썬다.

5 쌀가루에 쪄낸 호박을 넣고 고루 비벼서 수분이 부족하면 물을 더 넣고 주먹으로 쥐어 살짝 던져보아 가루가 깨지지 않으면 체에 내린 다음 단호박편, 강낭콩, 완두, 밤, 설탕을 넣고 고루 섞는다.

6 찜기에 쌀가루를 안쳐 김이 오른 찜솥에 넣고 20분간 찐 후 5분 정도 뜸을 들인다.

7 한 김 나간 후에 단호박정과로 장식을 한다.

녹차떡케이크

멥쌀가루에 녹차가루를 섞어 찐 떡으로 물 대신 우유를 넣어 부드럽고 고소한 맛이 난다.

● **재료 및 분량**

멥쌀가루 15컵 · 소금 3/4큰술 · 설탕 15큰술 · 우유 12큰술
녹차가루 1½큰술

● **만드는 법**

1 쌀은 깨끗이 씻어 8~12시간 불린 뒤 체에 밭쳐 물기가 빠지면 소금을 넣고 빻아 놓는다.

2 쌀가루에 녹차가루를 넣고 우유와 물로 반죽하여 체에 한 번 내린 후 설탕을 넣는다.

3 찜기에 쌀가루를 안쳐 김이 오른 찜솥에 넣고 20분 정도 찐 후 불을 끄고 5분 정도 뜸을 들인다.

4 뜨거울 때 흑임자를 뿌리고 색 들인 반죽으로 꽃장식을 한다.

블루베리떡케이크

멥쌀가루에 블루베리즙을 섞어 찜기에 모양 틀을 놓고 안쳐서 찐 다음 블루베리잼으로 장식한다.

● 재료 및 분량

멥쌀가루 5컵 · 소금 1/4큰술 · 설탕 5큰술 · 블루베리 1컵

● 만드는 법

1 쌀은 깨끗이 씻어 8~12시간 불린 뒤 체에 건져 물기가 빠지면 소금을 넣고 빻아 놓는다.

2 블루베리 1/2은 즙을 내고 1/2은 설탕을 넣고 조린다.

3 쌀가루에 블루베리즙을 넣고 반죽하여 체에 한 번 내린 후 설탕을 넣는다.

4 찜기에 쌀가루를 안쳐 김이 오른 찜솥에 넣고 설탕에 조린 블루베리를 올려 20분 정도 찐 후 불을 끄고 5분 정도 뜸을 들인다.

생일떡케이크

● 재료 및 분량

멥쌀가루 5컵 · 소금 1/4큰술 · 설탕 5큰술 · 녹차가루 1/2큰술

● 만드는 법

1 쌀은 깨끗이 씻어 8~12시간 불린 뒤 체에 건져 물기가 빠지면 소금을 넣고 빻아 놓는다.

2 쌀가루의 3/4은 물 반죽을 하고 쌀가루의 1/4은 녹차가루를 넣고 물
반죽을 하여 체에 2~3회 내린 후 설탕을 넣는다.

3 찜기에 흰색 쌀가루와 녹색 쌀가루를 켜켜이 안쳐 김이 오른 찜솥에
넣고 20분 정도 찐 후 불을 끄고 5분 정도 뜸을 들인다.

4 색 들인 반죽으로 꽃장식을 한다.

인절미

불린 찹쌀을 쪄서 안반에 담고 소금물을 발라주며 떡메로 꽈리가 일도록 쳐서 뗀 뒤 고물을 묻힌 떡으로 쫄깃하고 구수한 맛이 좋다.

● 재료 및 분량

찹쌀 5컵 · 소금 1/4큰술

노란 콩가루 2컵 · 설탕 1큰술 · 소금 1/4작은술

● 만드는 법

1 찹쌀은 깨끗이 씻어 8~12시간 불렸다가 건진 다음 김이 오른 찜통에 안쳐 무르게 찐다. 찌는 도중에 주걱으로 위아래를 고루 섞으며 소금물을 뿌려준다.

2 절구에 찐 찰밥을 넣고 골고루 친다.

3 도마에 꿀을 바르고 떡의 모양을 편편하게 잡아서 먹기 좋은 크기로 썬다.

4 뜨거울 때 콩고물을 묻혀 낸다.

쑥떡

멥쌀을 불려서 어린 쑥을 넣고 빻아 가루를 낸 다음 쪄서 콩가루를 묻힌다. 쑥은 무기질, 비타민이 풍부한 알칼리성 식품으로 떡의 산성을 중화하고 영양을 보충하며 색과 향은 식욕을 돋우어준다. 경상도에서 즐겨 먹던 향토떡이다.

● 재료 및 분량

멥쌀가루 3컵 · 찹쌀가루 2컵 · 소금 1/4큰술 · 어린 쑥 100g · 잣 2큰술

● 만드는 법

1 어린 쑥은 깨끗이 다듬어 씻어 살짝 데친 후 물기를 짠다.

2 멥쌀과 찹쌀은 깨끗이 씻어 8~12시간 불려서 체에 건져 물기를 빼고 데친 쑥과 소금을 넣고 빻아서 가루를 만든다.

3 가루에 수분을 준 다음 양손으로 고루 비벼서 굵은 체에 내리고 찜통에 김이 오르면 젖은 면보자기를 깔고 20분 정도 찐다.

4 떡이 익으면 절구에 쏟아 매끄러워질 때까지 골고루 친다.

5 치댄 떡을 쏟아 둥글게 밀어서 일정한 크기로 썰거나 콩가루를 묻혀준다.

단자

궁중에서나 대갓집에서 많이 해 먹던 떡으로 찹쌀가루에 대추 등을
넣고 쪄서 꽈리가 일도록 친 다음 떡판에 놓고 조금씩 떼어 고물을
묻힌 떡이다.

● 재료 및 분량

찹쌀가루 5컵 · 대추고 3½큰술 · 설탕 2큰술 · 밤 2개 · 대추 4개
커피팥고물 1/2컵 · 꿀 3큰술 · 소금 약간

● 만드는 법

1 찹쌀을 깨끗이 씻어 8~12시간 불린 뒤 건져서 소금을 넣고 가루로 빻
는다.

2 대추를 푹 삶아 체에 걸러 껍질을 제거하고 속살은 두꺼운 냄비에 담
아 나무주걱으로 저어가며 서서히 조려서 대추고를 만든다.

3 찹쌀가루에 대추고를 넣고 양손으로 비벼서 체에 내리고 설탕을 고루
섞어 찜기에 젖은 면보자기를 깔고 김이 오르면 찐다.

4 거피팥을 깨끗이 씻어 7배의 물을 붓고 불린 다음 팥을 무르게 삶아서
분쇄기에 갈아 소금, 설탕을 넣고 고루 섞어 고물을 만든다.

5 쪄진 떡을 절구에 넣고 방망이로 꽈리가 일도록 치대어 도마에 소금
물을 바르고 떡을 쏟아서 두께 1cm가 되도록 펴서 꿀을 바르고 길이
3cm, 폭 2.5cm 정도의 크기로 썰어 밤채, 대추채, 거피팥고물을 무친
다.

절편

절편은 흰떡을 쳐서 잘라낸 떡이라는 뜻으로 혼인 때 큰상 고임에 많이 쓰였다. 절편을 둥글게 하여 위에 꽃처럼 색을 놓아 떡의 웃기로 쓴다. 절편은 여러 가지 색으로 물을 들이거나 섞는 재료와 만드는 모양에 따라 달리 부른다.

● 재료 및 분량

멥쌀가루 5컵 · 소금 1/4큰술 · 쑥 30g · 백년초가루 2작은술
참기름 1큰술

● 만드는 법

1 멥쌀을 깨끗이 씻어 8~12시간 불린 뒤 건져서 물기를 뺀다.

2 불린 쌀을 2등분하여 흰쌀 그대로 소금을 넣고 빻아 체에 내리고 흰쌀에 쑥을 살짝 데쳐서 물기를 제거하고 같이 넣고 빻아 체에 내린다.

3 각 쌀가루에 수분을 준 다음 찜기에 넣고 충분히 쪄서 흰떡에는 백년초가루를 넣고 쑥떡은 그대로 색이 고루 들 때까지 친다.

4 친 떡을 도마에 놓고 소금물을 바르면서 둥글게 하여 떡살로 눌러 모양을 낸다.

찹쌀떡

찹쌀떡을 쪄서 꽈리가 일도록 친 다음 팥 앙금 소를 넣고 전분을 입힌 떡이다.

● 재료 및 분량

찹쌀가루 1kg · 팥 앙금 900g(분할 30g) · 소금 10g · 설탕 160g · 전분 1kg

● 만드는 법

1 찹쌀은 8~12시간 불린 뒤 체에 건져 소금을 넣고 빻은 후 체에 내린다.

2 찹쌀가루에 설탕을 넣고 고루 섞은 후 끓는 물로 되직하게 익반죽한다.

3 익반죽을 손으로 밀어 가래떡처럼 만든 뒤 2~3cm 길이로 토막을 내어 끓는 물에 넣고 삶아 떠오르면 체로 건져서 물기를 뺀다.

4 양이 많을 때는 반죽기에 넣고 양이 적을 때는 방망이로 친다.

5 테이블에 전분을 뿌리고 손에 반죽이 달라붙지 않게 전분을 발라가며 분할하여 팥 앙금을 넣고 동그랗게 성형하여 전분을 입힌다.

사탕절편

흰떡에 여러 가지 색의 가닥을 붙이고 비벼 잘라 골무모양을 눌러
만들거나 사탕모양으로 만든다.

● **재료 및 분량**

멥쌀가루 5컵 · 소금 1/4큰술 · 백년초가루 1/2작은술
호박가루 1/2작은술 · 녹차가루 1/2작은술 · 참기름 1큰술

● **만드는 법**

1 쌀은 씻어서 8~12시간 불린 뒤 체에 건져서 소금을 넣고 빻아 고운체
에 내린다.

2 쌀가루에 수분을 준 다음 김 오른 찜기에 넣고 충분히 쪄서 절구에 넣
고 방망이로 친 다음 아주 굵은 가래떡모양으로 민다.

3 흰떡 일부를 떼어 3등분하고 백년초가루, 호박가루, 녹차가루를 넣어
색을 내고 가늘게 민다.

4 굵은 가래떡 반죽에 삼색으로 가늘게 민 반죽을 세로로 3줄 붙여 다시
가래떡 굵기로 밀어 손을 세워 아래위로 움직이면서 꼬리가 달린 골무
떡을 만들기도 하고 사탕모양으로 만들기도 한다.

여주산병

경기도 여주 지역의 향토떡으로 손이 많이 가고 정성이 듬뿍 들어가며 장식용 웃기로 쓰이던 화려한 잔치 떡이다. 성균관에서 많이 만들었다고 전해진다.

● 재료 및 분량

멥쌀가루 5컵 · 소금 1/4큰술 · 백년초가루 1/2작은술 · 녹차가루 1/2작은술

❀ 거피팥소
거피팥 1/2컵 · 소금 1/4큰술 · 설탕 3큰술 · 계핏가루 1/4작은술

● 만드는 법

1 쌀은 씻어서 8~12시간 불린 뒤 체에 건져서 소금을 넣고 빻아 고운체에 내린다.

2 거피팥은 씻어서 충분히 불려 김 오른 찜통에 쪄낸 후 절구에 찧어 설탕, 소금, 계핏가루를 넣고 대추알만하게 소를 빚는다.

3 쌀가루에 수분을 준 다음 김 오른 찜기에 넣고 충분히 쪄서 절구에 넣고 방망이로 친 다음 밀대로 얇게 밀어서 거피팥소를 가운데 놓고 떡 자락으로 덮은 후 둥근모양 틀로 반달모양으로 찍어 두 끝을 둥글게 모아 붙인다. (원래는 작은 반달떡과 큰 반달떡을 합하여 두 끝을 둥글게 모아 붙인다.)

4 떡에 백년초가루, 녹차가루를 넣고 반죽하여 꽃모양을 만들어 여주산병 위에 장식한다.

바람떡

멥쌀가루를 쪄서 절구에 꽈리가 나도록 친 다음 팥소를 넣고 반으로
접어 덮은 후 종지로 반달모양이 나게 누르면서 바람이 들어가게 만
든 떡이다. 개피떡이라고도 한다.

● 재료 및 분량

멥쌀가루 5컵 · 소금 1/4큰술 · 백년초가루 1/2작은술
녹차가루 1/2작은술 · 치자물 1큰술

❀ 거피팥소
거피팥 1/2컵 · 소금 1/4큰술 · 설탕 3큰술 · 계핏가루 1/4작은술

● 만드는 법

1 쌀은 씻어서 8~12시간 불린 뒤 체에 건져서 소금을 넣고 빻아 고운체
에 내린다.

2 거피팥은 씻어서 충분히 불려 김 오른 찜통에 쪄낸 후 절구에 찧어 설
탕, 소금, 계핏가루를 넣고 대추알만하게 소를 빚는다.

3 쌀가루에 수분을 준 다음 김 오른 찜기에 넣고 충분히 쪄서 절구에 넣
고 방망이로 쳐서 밀대로 민 후 3색으로 가늘게 민 반죽을 올려 다시
얇게 민다.

4 거피팥소를 가운데 놓고 떡자락으로 덮은 후 둥근모양 틀로 반달모양
으로 찍는다.

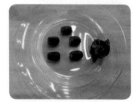

말이떡

쌀가루를 찜기에 넣고 쪄서 친 후 밀대로 얇게 밀어 팥소를 놓고 만 떡이다.

● 재료 및 분량

멥쌀가루 5컵 · 소금 1/4큰술 · 백년초가루 1/2작은술 · 치자물 1큰술

❀ 팥소
팥 1/2컵 · 소금 1/4큰술 · 설탕 3큰술 · 계핏가루 1/4작은술

● 만드는 법

1 쌀은 씻어서 8~12시간 불린 뒤 체에 건져서 소금을 넣고 빻아 고운체에 내린다.

2 팥은 씻어서 충분히 불려 김 오른 찜기에 쪄낸 후 절구에 찧어 설탕, 소금, 계핏가루를 넣고 대추알만하게 소를 빚는다.

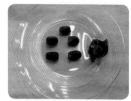

3 쌀가루에 수분을 준 다음 김 오른 찜기에 넣고 충분히 쪄서 절구에 넣고 방망이로 쳐서 밀대로 민 후 2색으로 가늘게 민 반죽을 양 끝에 올려 다시 얇게 민다.

4 얇게 민 반죽을 둥근모양 틀로 찍어 팥소를 가운데 놓고 만다.

보쌈떡

쌀가루에 2가지 색을 내어 각각 쪄서 친 후 밀대로 밀어 2가지 색을 합쳐서 다시 밀어 팥소를 놓고 네 귀퉁이를 모아 보쌈모양으로 만든 떡이다.

● **재료 및 분량**

멥쌀가루 5컵 • 소금 1/4큰술 • 백년초가루 1작은술 • 치자물 1큰술

✿ **팥소**
팥 1/2컵 • 소금 1/4큰술 • 설탕 3큰술 • 계핏가루 1/4작은술

● **만드는 법**

1 쌀은 씻어서 8~12시간 불린 뒤 체에 건져서 소금을 넣고 빻아 고운체에 내린다.

2 팥은 씻어서 충분히 불려 김 오른 찜기에 쪄낸 후 절구에 찧어 설탕, 소금, 계핏가루를 넣고 대추알만하게 소를 빚는다.

3 쌀가루에 흰색과 백년초가루를 넣은 붉은색으로 2등분하여 수분을 준 다음 김 오른 찜기에 넣고 충분히 쪄서 각각 절구에 넣고 방망이로 쳐서 밀대로 민 후 2색을 합쳐서 다시 얇게 밀어 정사각형으로 자른다.

4 정사각형 반죽 가운데 팥소를 놓고 마주보는 두 귀퉁이를 서로 붙인 다음 꽃모양으로 장식한다.

고깔떡

쌀가루에 2가지 색을 내어 각각 쪄서 친 후 밀대로 밀어 2가지 색을 합쳐서 다시 밀어 팥소를 놓고 두 귀퉁이를 모아 고깔모양으로 만든 떡이다.

● **재료 및 분량**

멥쌀가루 5컵 · 소금 1/4큰술 · 녹차가루 3작은술

❀ **팥소**
팥 1/2컵 · 소금 1/4큰술 · 설탕 3큰술 · 계핏가루 1/4작은술

● **만드는 법**

1 쌀은 씻어서 8~12시간 불린 뒤 체에 건져서 소금을 넣고 빻아 고운체에 내린다.

2 팥은 씻어서 충분히 불려 김 오른 찜기에 쪄낸 후 절구에 찧어 설탕, 소금, 계핏가루를 넣고 대추알만하게 소를 빚는다.

3 쌀가루에 수분을 준 다음 김 오른 찜기에 넣고 충분히 쪄서 2등분하여 하나는 녹차가루 양을 많게 하나는 적게 하여 각각 절구에 넣고 방망이로 쳐서 밀대로 민 후 2색을 합쳐서 다시 얇게 밀어 정사각형으로 자른다.

4 정사각형 반죽 가운데 팥소를 놓고 마주보는 두 귀퉁이를 한번 붙인 다음 삼각형 양 끝을 둥글게 말아 붙인다.

삼색경단

경단(瓊團)은 찹쌀가루를 익반죽하여 동그랗게 빚어서 삶아내어 고물을 묻힌 떡이다. 고물의 종류는 콩고물, 팥고물, 깨고물, 팥 앙금가루 고물, 녹두고물, 대추채, 밤채, 석이채 등이 있다.

● 재료 및 분량

찹쌀 5컵 · 소금 1/4큰술 · 완두콩고물 1/4컵 · 팥고물 1/4컵
흑임자고물 1/4컵

● 만드는 법

1 찹쌀을 8~12시간 불린 뒤 체에 건져 물기를 뺀 후 소금을 넣고 곱게 빻아 체에 내린다.

2 찹쌀가루에 뜨거운 물을 넣고 익반죽하여 직경 2cm 정도로 동그랗게 빚은 뒤 끓는 물에 넣어 떠오르면 건져서 찬물에 헹궈 물기를 뺀다.

3 삶아낸 경단을 3등분하여 완두콩고물, 팥고물, 흑임자고물을 각각 묻힌다.

수수경단

수수가루를 익반죽하여 둥글게 빚어 끓는 물에 익혀서 팥고물을 입
힌 떡으로 돌상을 차릴 때 무병장수를 기원하고 잡귀가 접근하지 못
하게 하는 의미를 지녔다.

● 재료 및 분량

찰수수 5컵 · 소금 1/4큰술
붉은팥고물 2컵 · 소금 1작은술

● 만드는 법

1 찰수수는 더운물에 충분히 불려 떫은맛이 빠지도록 여러 번 물을 갈아
가며 씻은 뒤 체에 건져 물기를 뺀 다음 소금을 넣고 빻아 가루로 만
든다.

2 붉은팥은 깨끗이 씻어 7배의 물을 붓고 불린 다음 팥이 무르도록 삶은
후 분쇄기에 갈아 소금, 설탕을 넣고 고루 섞어 고물을 만든다.

3 찰수수가루를 뜨거운 물로 익반죽하여 치댄 후 직경 2cm 정도로 동그
랗게 빚는다.

4 물이 끓으면 빚은 찰수수경단을 넣고 익어서 떠오르면 건져서 찬물에
헹구어 물기를 뺀 후 붉은팥고물을 고루 묻힌다.

오메기떡

차조가루를 반죽하여 동그랗게 빚어 도넛처럼 구멍을 내고 삶아서 콩고물이나 팥고물에 굴린 떡이다. 제주도에서 많이 만들어 먹는 떡이다.

● 재료 및 분량

차조 5컵 · 소금 1/4큰술 · 설탕 5큰술 · 콩가루 1/2컵 · 팥 앙금가루 1/2컵

● 만드는 법

1 차조를 깨끗이 씻어 물에 충분히 불린 뒤 건져 소금을 넣고 가루로 만든다.

2 콩은 씻어서 물기를 빼고 볶은 뒤 껍질을 벗기고 가루를 낸 다음 체에 내려 설탕과 소금을 넣는다.

3 팥은 푹 삶아 체에 내려 앙금을 짠 후 팬에 볶아 설탕을 넣고 팥 앙금가루를 만든다.

4 차조가루는 끓는 물로 익반죽하여 직경 6cm 정도 되는 구멍 난 도넛 모양으로 빚는다.

5 빚은 떡은 끓는 물에 삶고 찬물에 헹구어 물기를 뺀 뒤 콩가루와 팥 앙금가루에 각각 묻혀 낸다.

잣구리

찹쌀가루를 익반죽해서 밤소를 넣고 누에고치모양으로 빚은 뒤 끓는 물에 삶아서 잣가루를 묻힌 떡이다. 잣에는 불포화지방산이 풍부하여 머리가 검어지고 피부가 윤택해지며 비타민 B군과 철분이 다량 함유되어 있다.

● 재료 및 분량

찹쌀가루 3컵 · 소금 1/2작은술 · 잣 2/3컵 · 백년초가루 1/2작은술
쑥가루 1큰술

❀ **밤소**
밤 10개 · 꿀 1큰술 · 계핏가루 1/2작은술 · 설탕 1/2큰술

● 만드는 법

1 찹쌀은 깨끗이 씻어 8~12시간 불린 뒤 체에 건져 물기를 빼고 소금을 넣고 빻아 체에 내린 다음 3등분하여 색을 내고 끓는 물로 익반죽한다.

2 밤은 껍질째 쪄서 속을 파내고 꿀과 계핏가루를 넣고 소를 만든다.

3 잣은 곱게 다져서 잣가루를 만든다.

4 반죽을 떼어 밤소를 넣고 누에고치모양으로 빚어 끓는 물에 삶아 건진 후 물기를 빼고 잣가루를 묻힌다.

화전

화전의 풍습은 고려시대 때부터 전해 내려온 것으로 화전(花煎), 꽃 지지미 또는 꽃달임이라 한다. 전을 부치듯 기름에 지지는 떡으로 화전, 주악, 부꾸미 등이 있다.

● 재료 및 분량

찹쌀가루 1컵 · 소금 1/6작은술 · 설탕 1/4컵 · 식용유 3큰술
대추 2개 · 쑥갓 5잎

● 만드는 법

1 찹쌀은 깨끗이 씻어 8~12시간 불린 뒤 체에 건져 물기를 빼고 소금을 넣고 빻아 체에 내린다.

2 찹쌀가루에 뜨거운 물을 넣고 익반죽하여 치댄다.

3 직경 5cm, 두께는 4mm 정도로 둥글고 납작하게 빚어서 한 면을 지지고 뒤집어서 대추꽃과 쑥갓잎을 붙여 모양을 내어 지진다.

4 물과 설탕을 동량으로 넣고 중불에서 끓여 반으로 졸여 시럽을 만든다.

5 지진 떡에 시럽을 끼얹어 낸다.

삼색화전

찹쌀가루에 백년초가루를 넣고 익반죽하여 둥글게 빚어 지지거나 찹쌀가루에 녹차가루를 섞어 지지면 쌉쌀한 맛과 녹차의 향을 즐길 수 있다.

● 재료 및 분량

찹쌀가루 3컵 · 멥쌀가루 1컵 · 소금 2/3작은술 · 설탕 1/2컵
백년초가루 1/2작은술 · 녹차가루 1/2작은술 · 식용유 6큰술

● 만드는 법

1 찹쌀은 깨끗이 씻어 8~12시간 불린 뒤 체에 건져 물기를 빼고 소금을 넣고 빻아 체에 내린다.

2 찹쌀가루를 3등분하여 하나는 흰색 그대로, 나머지는 백년초가루, 녹차가루를 각각 넣고 뜨거운 물로 익반죽하여 치댄다.

3 멥쌀가루를 쪄서 여러 가지 색을 들인다.

4 직경 5cm, 두께는 4㎜ 정도로 둥글고 납작하게 빚어서 양면을 지지고 색들인 떡으로 장식을 한다.

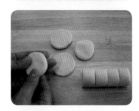

5 물과 설탕을 동량으로 넣고 중불에서 끓여 반으로 조려 시럽을 만든다.

6 지진 떡에 시럽을 끼얹어 낸다.

수수부꾸미

수수부꾸미는 찹쌀가루와 찰수수가루를 뜨거운 물로 익반죽하여 동글납작하게 빚어 여러 가지 소를 넣고 반달모양으로 접어 기름에 지진 떡이다. 부꾸미는 화전이나 주악처럼 기름에 지지는 떡의 일종이다.

● 재료 및 분량

수수가루 5컵 · 소금 1/4큰술 · 설탕 5큰술 · 팥 앙금 1컵 · 식용유 1/2컵

● 만드는 법

1 수수는 충분히 불린 뒤 여러 번 헹구어 체에 건져서 빻는다.

2 팥 앙금으로 소를 빚어 놓는다.

3 수수가루는 익반죽한 뒤 오래 치대어 동글납작하게 빚는다.

4 팬에 기름을 두르고 반죽을 놓아 지진 뒤 투명하게 익으면 뒤집어서 팥소를 놓고 반으로 접어 반달모양으로 하여 붙인다.

5 따뜻할 때 설탕을 뿌려 낸다.

삼색부꾸미

찹쌀을 물에 불린 다음 갈아서 전병처럼 기름에 지지면서 소를 가운데 넣고 접은 떡이다. 화전이나 단자처럼 웃기떡으로 쓰이지는 않으나 그 모양이 몹시 맵시를 부린 새댁 같다.

● 재료 및 분량

찹쌀가루 3컵 · 팥 앙금 1/2컵 · 소금 1/2작은술 · 설탕 1큰술
백년초가루 1/2작은술 · 녹차가루 1/2작은술 · 식용유 6큰술
대추 3개 · 잣 2큰술 · 석이 1개

● 만드는 법

1 찹쌀은 깨끗이 씻어 8~12시간 불린 뒤 체에 건져 물기를 빼고 소금을 넣고 빻아 체에 내린다.

2 찹쌀가루를 3등분하여 하나는 흰색 그대로, 나머지는 백년초가루, 녹차가루를 각각 넣고 뜨거운 물로 익반죽하여 치댄다.

3 팥 앙금으로 소를 빚어 놓는다.

4 대추는 돌려깎아 씨를 뺀 뒤 꽃틀로 찍고 석이는 곱게 채를 썬다.

5 팬에 식용유를 두르고 직경 5cm, 두께는 4mm 정도로 둥글고 납작하게 빚어서 투명하게 익으면 가운데 소를 놓고 접어 익히면서 대추, 잣, 석이로 고명을 한다.

곤떡

찹쌀가루를 익반죽해서 둥글게 빚어 지치기름으로 지진 평안도의
향토 떡이다. 천연색소를 이용해 떡의 색이 자연스럽고 아름다워
큰 잔치 때 빚어 편의 웃기로 쓰었다.

● 재료 및 분량

찹쌀가루 5컵 · 소금 1/4큰술 · 설탕 5큰술 · 식용유 약간 · 지치 2뿌리

● 만드는 법

1 찹쌀은 깨끗이 씻어 물에 불린 뒤 체에 건져서 소금을 넣고 빻아 가루
를 낸다.

2 찹쌀가루에 끓인 물로 익반죽하여 두께 0.7cm, 직경 5cm로 둥글납작
하게 빚는다.

3 지치는 먼지를 닦아내고 끓는 기름에 넣어 붉은빛의 지치기름을 만든
다.

4 팬에 지치기름을 두르고 색이 곱게 나도록 약한 불에서 떡을 지져낸
다.

5 떡이 뜨거울 때 시럽을 끼얹어 낸다.

빙자병

햇녹두를 갈아 팬에 한 국자씩 떠 놓은 다음 팥소나 밤소를 얹고 그
위에 다시 녹두 간 것을 살짝 덮어 대추로 장식한 뒤 둥글게 지진 떡
이다.

● 재료 및 분량

녹두 2컵 · 소금 1작은술 · 밤 30개 · 꿀 3큰술 · 계핏가루 약간
식용유 4큰술 · 대추 5개

● 만드는 법

1   녹두는 껍질을 타서 따뜻한 물에 불려 거피한 후 되직하게 곱게 갈아
    소금간을 한다.

2   밤은 삶아서 속을 파낸 뒤 꿀과 계핏가루를 섞어 직경 1.5cm 크기로
    소를 만든다.

3   팬에 식용유를 두르고 녹두 간 것을 한 숟가락 놓고 밤소를 얹고 다시
    녹두 간 것으로 덮는다.

4   대추로 고명을 한다.

노티떡

노티떡은 찹쌀가루를 익반죽한 뒤 엿기름을 넣고 당화시킨 뒤 번철에 지져낸 떡으로 조청이나 꿀에 재워서 저장성이 좋고 소화성이 우수하며 쫄깃쫄깃한 맛이 일품이다. 평안도의 향토 떡이다.

● 재료 및 분량

찹쌀가루 3컵 · 찰기장가루 3/4컵 · 찰수수가루 3/4컵 · 소금 1/2작은술
엿기름가루 2/3컵 · 꿀 1/2컵 · 참기름 1/2컵 · 식용유 1/2컵

● 만드는 법

1 찹쌀, 찰기장, 찰수수는 각각 깨끗이 씻어서 8~10시간 불린 뒤 소쿠리에 건져서 물기를 빼고 소금을 넣어 가루로 빻는다.

2 찹쌀가루, 찰기장가루, 찰수수가루, 고운 엿기름가루(1/3)를 섞어서 체에 내린 뒤 젖은 면보자기를 깔고 찜통에 살짝 쪄낸다.

3 쪄낸 떡을 그릇에 담아 나머지 엿기름가루(1/3)를 조금씩 뿌리면서 골고루 반죽하여 보온밥통에 넣어 5~6시간 삭힌다.

4 삭힌 반죽을 동글납작하게 빚어 식용유와 참기름 섞은 것을 두르고 노릇하게 지진다.

5 지진 떡 위에 꿀을 바른다.

주악

마치 조약돌처럼 생겼다고 해서 붙은 이름이며 궁중에서는 조악이라 불리었다고 한다. 찹쌀가루 반죽에 대추, 깨, 유자 다진 소를 넣고 작은 송편모양으로 빚어 기름에 튀겨서 꿀에 집청한다.

● 재료 및 분량

찹쌀가루 5컵 · 소금 1/4큰술 · 치자 우린 물 1큰술 · 백년초가루 1/2작은술
녹차가루 1작은술 · 대추 10개 · 계핏가루 1/2작은술 · 꿀 1/2컵 · 식용유 0.6 ℓ

● 만드는 법

1 찹쌀은 깨끗이 씻어 8~12시간 불린 뒤 체에 건져 물기를 빼고 소금을 넣고 빻는다.

2 찹쌀가루를 4등분하여 각각 치자 우린 물, 백년초가루, 녹차가루, 흰색으로 익반죽을 한다.

3 씨를 발라내고 곱게 다진 대추에 꿀과 계핏가루를 섞어 콩알만하게 빚어 소를 만든다.

4 반죽을 새알 크기로 떼어 둥글게 빚어 가운데를 오목하게 하여 소를 넣고 끝을 아물려 작은 송편모양으로 빚는다.

5 팬에 기름을 넣고 150℃에서 튀겨 낸다.

6 꿀에 담가 재웠다가 담아 낸다.

우메기

개성의 향토음식으로 찹쌀가루와 멥쌀가루를 섞어 반죽한 뒤 둥글 납작하게 빚어 기름에 지져서 집청꿀을 입힌 떡으로 햅쌀이 날 때 많이 만들어서 먹었던 떡이다. 특히 우메기는 잘 굳지 않는 별미 떡으로 혼례상이나 잔칫상에 떡의 웃기로 사용했다.

● 재료 및 분량

찹쌀가루 3컵 · 소금 1/2작은술 · 밀가루 7큰술 · 막걸리 5큰술
설탕 3큰술 · 식용유 0.6ℓ
집청 : 조청 2컵 · 물 1/3컵 · 생강 5쪽

● 만드는 법

1 찹쌀은 깨끗이 씻어 8~12시간 불린 뒤 건져 소금을 넣고 가루로 곱게 빻아서 밀가루와 설탕을 섞어 체에 내린다.

2 1에 막걸리를 따뜻하게 중탕하여 고루 섞고 치대어 반죽을 되직하게 한다.

3 조청에 물과 생강을 편으로 썰어 넣고 한번 후르르 끓으면 불을 끄고 식힌다.

4 반죽을 지름 3cm, 두께 1cm로 둥글납작하게 빚어 가운데를 손가락으로 눌러 모양을 만든 다음 기름 바른 쟁반에 놓는다.

5 팬을 두 개 준비하여 식용유를 넉넉히 넣고 160℃에서 튀기다가 색이 나면 140℃ 기름에 옮겨 속을 완전히 익혀서 체에 밭쳐 기름을 뺀다.

6 기름을 뺀 주악은 집청에 담갔다가 체에 건져 대추로 고명을 한다.

빙떡·메밀총떡

메밀가루를 묽게 반죽하여 번철에 지지다가 소를 넣고 말아 익힌 부침개의 일종이다. 메밀은 아미노산이 다량 함유되어 있어 영양가가 높고 전분이 많아 소화흡수도 잘되며 특히 비타민 P를 함유하여 혈압강하효능이 있다. 빙떡은 제주도에서는 관혼상제에 빼놓지 않고 올렸으며 돌돌 말아서 만든다고 하여 '빙떡', 멍석처럼 말아 감는다고 해서 '멍석떡'이라고도 하며 메밀총떡은 강원도의 향토음식이다.

● 재료 및 분량

메밀가루 5컵 · 소금 1/4큰술 · 물 5컵 · 식용유 1/2컵

❀ 빙떡소
무 200g · 다진 파 · 마늘 1큰술씩 · 깨소금 · 참기름 1작은술씩
소금 1/4작은술

❀ 메밀총떡소
돼지고기 100g · 배추김치 300g · 다진 파 · 마늘 1작은술씩
생강 1작은술 · 참기름 1작은술 · 깨소금 1작은술 · 후춧가루 약간

● 만드는 법

1 메밀가루는 소금과 물을 넣어 묽은 농도로 풀어 놓는다.

2 무는 굵게 채를 썰어 끓는 소금물에 살짝 데쳐 물기를 빼고 다진 파, 마늘, 깨소금, 참기름, 소금으로 간하여 빙떡소를 만든다.

3 돼지고기는 채를 썰어 양념하여 볶다가 물기를 짜고 채 썬 김치를 넣고 함께 볶아 메밀총떡소를 만든다.

4 달군 팬에 식용유를 두르고 메밀가루 반죽을 한 국자씩 떠서 얇게 전병을 부친다.

5 전병 위에 빙떡소를 넣고 돌돌 말아 한입 크기로 썬다. 또한 전병 위에 메밀총떡소를 넣고 돌돌 말아 한입 크기로 썬다.

서여향병

마를 썰어 쪄낸 다음 꿀에 담갔다가 찹쌀가루를 묻혀서 기름에 지져 내어 잣가루를 입힌 것으로 바삭하면서도 쫄깃하고 고소한 맛이 일품이다. 마는 기운을 보(補)하고, 살을 찌게 하고 정신을 안정시키며, 기억력을 좋게 하는 알칼리성 식품으로 생식해도 소화흡수가 잘되는 건강식품으로 알려져 있다.

● 재료 및 분량

마 1kg · 찹쌀가루 2컵 · 꿀 1컵 · 잣 2컵 · 대추 10개 · 흑임자 50g
식용유 약간

● 만드는 법

1 마는 일정하고 곧은 것으로 준비하여 껍질을 벗긴 뒤 두께 0.5cm, 직경 6cm의 타원형이 되도록 비스듬히 썬다.

2 찜기에 김이 오르면 5분 정도 찐 후 식으면 꿀에 재운다.

3 20분 후 고운 찹쌀가루를 앞뒤로 묻혀서 기름 두른 팬에 지진다.

4 잣은 고깔을 떼고 마른 행주로 닦은 후 종이를 깔고 칼로 곱게 다져 잣가루를 만든다.

5 대추는 씨를 제거하여 다지고 흑임자도 곱게 다진다.

6 잣가루와 다진 대추, 흑임자에 묻혀 낸다.

계강과

메밀가루와 찹쌀가루에 생강즙, 계핏가루를 섞고 익반죽하여 잣소를 넣고 생강모양으로 빚은 다음 쪄서 다시 기름에 지진 뒤 꿀에 담 갔다가 잣가루를 입힌다.

● 재료 및 분량

찹쌀가루 1컵 · 메밀가루 2/3컵 · 소금 1/3작은술 · 설탕 1큰술
계핏가루 2/3작은술 · 생강 40g · 꿀 3큰술 · 잣가루 1/2컵

● 만드는 법

1 생강은 껍질을 벗겨 믹서에 간 뒤 즙과 건지를 분리한다.

2 찹쌀가루에 메밀가루, 생강 건지, 계핏가루, 설탕, 소금을 섞은 뒤 끓는
   물을 넣어 익반죽한다.

3 반죽의 일정량을 떼어 세 갈래로 뿔이 난 생강모양으로 빚은 뒤 찜기
   에 젖은 면보자기를 깔고 김이 오르면 쪄 낸다.

4 다 익으면 꺼내어 팬에 기름을 두르고 지진다.

5 지져낸 계강과에 꿀을 바르고 잣가루를 묻힌다.

Ⅱ

한과류

도라지정과

정과(正果)는 전과(煎果)라고도 하였는데 뿌리, 줄기, 열매를 꿀, 조청, 설탕에 조려서 쫄깃하고 달콤하게 만든 한과이다. 정과는 흔히 조리는 것으로 알려져 있으나 옛 문헌인『규합총서』에는 꿀에 조리는 방법과 꿀에 재워서 오래 두는 방법이 적혀 있다.

● 재료 및 분량

도라지 200g · 설탕 100g · 소금 약간 · 물 3컵 · 물엿 4큰술

● 만드는 법

1 도라지는 껍질을 벗기고 소금으로 주물러 씻어서 끓는 물에 살짝 데친 후 찬물에 헹구어 건진다.

2 냄비에 도라지, 설탕, 소금을 넣고 재료가 잠길 정도의 물을 넣고 끓으면 불을 약하게 하여 거품을 걷어가며 졸인다.

3 어느 정도 졸아들면 물엿을 넣고 서서히 조려 윤기가 나고 투명해지면 도라지를 건져서 채반에 널어서 꾸덕꾸덕하게 말린다.

수삼정과

수삼을 꿀에 재우거나 조려서 먹는 귀한 기호식품으로 강장제의 약
재로 널리 쓰인다.

● 재료 및 분량

굵은 수삼 200g · 설탕 100g · 물엿 4큰술

● 만드는 법

1 수삼의 껍질을 칼등으로 살살 긁어 깨끗이 씻는다.

2 수삼을 0.2cm 두께로 둥글게 편으로 썰어 냄비에 담고 물과 설탕을
넣고 재료가 잠길 정도의 물을 넣어 중불에서 거품을 걷어가며 단맛이
고루 배도록 졸인다.

3 어느 정도 졸아들면 물엿을 넣고 서서히 조린 후 불을 끄고 2~3회 당
침을 한다.

4 체에 건져 여분의 시럽을 빼고 수삼을 둥글게 모아서 장미꽃이 되도록
한다.

연근정과

연근은 다년생 수생식물로 주성분은 당질이며 비타민 B_1, C, B_{12}가 많아 입 안 염증이나 편도선염에 특히 좋다.

● 재료 및 분량

연근 200g · 식초 1작은술 · 설탕 100g · 물엿 4큰술 · 소금 약간

● 만드는 법

1 연근은 껍질을 벗기고 0.5cm 정도의 두께로 썬다.

2 끓는 물에 식초를 넣고 연근을 살짝 데쳐서 찬물에 헹구어 건진다.

3 냄비에 연근, 설탕, 소금을 넣고 재료가 잠길 정도의 물을 넣어 중불에서 거품을 걷어가며 단맛이 고루 배도록 졸인다.

4 물기가 거의 없어지면 약한 불로 낮춘 뒤 물엿을 넣어 윤기가 나도록 조린다.

5 체에 건져 여분의 시럽을 빼고 담는다.

통수삼정과

수삼은 만병통치약이라 할 만큼 과학적으로 입증된 약효가 많아 스트레스, 피로, 우울증, 고혈압, 당뇨, 빈혈, 동맥경화 등에 효과가 있다. 수삼은 꿀에 재거나 조려서 먹는 귀한 기호식품으로 강장제의 약재로 널리 쓰인다.

● 재료 및 분량

수삼 1.5kg · 대추 300g · 설탕 600g · 물엿 300g

● 만드는 법

1 수삼의 껍질을 칼등으로 살살 긁어낸다.

2 대추를 씻어서 물을 넉넉히 붓고 은근하게 장시간 끓여서 색이 나면 대추는 건져내고 대추 물은 밭쳐 둔다.

3 수삼은 살짝 데쳐서 수삼이 잠기도록 대추 물을 붓고 설탕을 넣어 끓으면 불을 약하게 하여 서서히 졸인다.

4 어느 정도 졸여지면 물엿을 넣고 당침을 한다. 슬슬 끓어오르면 불을 끄고 3~4시간 담가두는 당침을 3회 정도 반복한다.

5 짙은 색이 나고 조직이 투명해지면 체에 건져서 꾸덕꾸덕하게 말린다.

딸기정과

우리 생활 주변에서 쉽게 구할 수 있는 재료로 만드는 정과는 설탕이나 전화당(轉化糖)을 넣어 저장하는 저장식품의 일종이며, 어떤 재료를 사용하든지 당도가 65% 이상이 되게 만들어야 저장성이 좋아진다.

● 재료 및 분량

딸기 200g · 설탕 100g · 물엿 4큰술 · 소금 약간

● 만드는 법

1 딸기는 꼭지를 따고 깨끗이 씻어 0.4cm 정도의 두께로 썬다.

2 채반에 딸기를 가지런히 펼쳐 널고 설탕을 골고루 뿌려 냉장고에 넣은 뒤 12시간 후에 딸기를 뒤집어 설탕을 골고루 뿌려 냉장고에서 건조시킨다.

3 물기가 제거되면 서늘한 곳에서 서서히 건조시킨다.

4 건조될 때까지 2~3회 반복한 후 꽃모양으로 만다.

무화과정과

꽃받침이 열매모양으로 돋아서 그대로 열매가 되기 때문에 무화과라 한다. 포도당과 과당이 함유되어 있으며 옥살산도 들어 있다.

● 재료 및 분량

건무화과 200g · 백포도주 1½컵 · 물 1½컵 · 설탕 1컵 · 꿀 2큰술
잣 1큰술 · 구기자정과 1큰술

● 만드는 법

1 무화과 밑부분에 가로와 세로로 2번 가위집을 넣는다.

2 두꺼운 팬에 백포도주, 물, 설탕을 넣고 중불에서 젓지 않고 설탕이 녹으면 무화과를 넣고 서서히 졸인다.

3 어느 정도 졸아들면 약한 불로 낮추어 물엿을 넣고 윤기가 나도록 조린다.

4 체에 건져 여분의 시럽을 빼고 말려 잣과 구기자정과로 장식을 한다.

사과정과

사과로 만든 정과는 설탕물에 조리지 않고 설탕을 골고루 뿌려 냉장고에서 건조시켜 사과의 색이 변하지 않게 한다.

● 재료 및 분량

홍옥 200g · 설탕 100g · 소금 약간

● 만드는 법

1 사과는 깨끗이 씻은 뒤 1/2등분하여 씨를 빼고 0.2cm 정도의 두께로 썬다.

2 사과를 채반에 널어 설탕을 골고루 뿌린 뒤 냉장고에 넣어 12시간 지나면 사과를 뒤집어서 설탕을 골고루 뿌린 뒤 냉장고에서 건조시킨다.

3 건조될 때까지 2~3회 반복한 후 꽃모양으로 만다.

금귤정과

금귤은 탄수화물, 비타민 C, 유기산, 방향성분이 많아 상쾌한 풍미
가 많으며 신진대사를 원활히 하여 피로회복에 좋다.

● 재료 및 분량

금귤 200g · 설탕 100g

● 만드는 법

1 금귤을 깨끗이 씻어 양쪽 둥근 쪽을 얇게 원으로 자른 뒤 반으로 가른
다.

2 금귤에 설탕을 켜켜이 뿌려 하룻밤 재운다.

3 재워두었던 금귤에서 물이 나오면 냄비에 담아 설탕과 물을 더 넣고
끓으면 금귤을 넣어 살짝 조린다.

4 체에 건져 그늘에서 말린다.

호두정과

옛날에는 정월 대보름에 호두 등 견과류로 부럼 깨물기를 하여 한 해 동안의 각종 부스럼을 예방하고자 하였다. 호두에는 불포화지방 산이 풍부하여 두뇌와 피부건강에 좋으며 고혈압과 성인병 예방에 도 좋다.

● 재료 및 분량

호두 100g · 설탕 40g · 물엿 20g · 물 1/2컵 · 생강 1쪽

● 만드는 법

1 호두는 끓는 물에 소금을 넣고 데친 후 찬물에 헹구어 떫은맛을 없앤 다.

2 생강은 껍질을 벗기고 편으로 썬다.

3 냄비에 물엿, 설탕, 생강편, 물을 넣고 조려지면 호두를 넣고 불을 낮 추어 실선이 생길 때까지 조린 후 체에 밭쳐둔다.

4 조린 호두를 140℃의 식용유에 넣고 튀겨 황금 갈색이 되면 체에 건져 하나씩 떼어서 찬바람에 식힌다.

편강

생강은 여러 요리에 향신료로 사용되며 설탕에 절여 과자처럼 만들어 먹기도 한다. 소화불량·설사·구토에 효과가 있고 혈액순환을 촉진하며 해열작용을 하고 주로 감기에 걸렸을 때 좋다.

● 재료 및 분량

생강 120g · 설탕 100g

● 만드는 법

1 생강은 껍질을 벗긴 후 0.2cm 정도 두께로 저며 썬다.

2 생강을 끓는 물에 데쳐 끓인 설탕물에 넣고 윤기나게 조린다.

3 조린 생강을 체에 밭쳐 잠시 둔다.

4 생강을 설탕에 묻혀 낸다.

찹쌀강정

고두밥을 지어 말려서 튀긴 후 설탕, 물엿을 넣고 섞어 굳혀서 모양 틀로 찍은 것이다. 지방에 따라 밥풀강정이라 부르기도 한다. 찹쌀은 위와 비장을 따뜻하게 하고 설사를 그치게 한다. 속이 냉하거나 위장기능이 부실해 찬 음식을 먹으면 자주 설사하는 사람들에게 좋다.

● 재료 및 분량

튀긴 찹쌀 5컵 · 물엿 1/2컵 · 설탕 1작은술 · 물 1큰술 · 식용유 1ℓ

● 만드는 법

1 찹쌀은 8시간 불려서 고두밥을 지어 물에 헹군 뒤 소금물에 담갔다가 건져서 말린다.

중간에 붙지 않게 떼어준다. 쌀알이 하나씩 되게 하여 완전히 말린다.

2 200℃ 기름에 한 줌씩 넣었다가 재빨리 건져낸다.

3 설탕, 물엿, 물을 넣고 약간 바글바글 끓으면 불을 끄고 튀긴 쌀을 넣고 재빨리 고루 섞는다.

4 틀에 붓고 밀대로 1cm 두께로 민다.

5 굳기 전에 모양 틀로 찍는다.

붉은색 : 물엿, 설탕, 물을 끓일 때 백년초가루를 넣는다.

푸른색 : 물엿, 설탕, 물을 끓일 때 색이 선명한 녹차가루를 넣는다.

노란색 : 호박가루를 쓰거나 찹쌀을 불릴 때 치자를 우린 물에 불린다.

딸기찹쌀강정

● 재료 및 분량

튀긴 찹쌀 5컵 · 물엿 1/2컵 · 설탕 1작은술 · 물 1큰술 · 식용유 1ℓ · 건파래 5g · 건딸기 5g

● 만드는 법

1 찹쌀은 8시간 불린 뒤 고두밥을 지어 물에 헹군 다음 소금물에 담갔다가 건져서 말린다. 중간에 붙지 않게 떼어준다. 쌀알이 하나씩 되게 하여 완전히 말린다.

2 1을 200℃ 기름에 한 줌씩 넣고 재빨리 건져낸다.

3 설탕, 물엿, 물을 넣고 약간 바글바글 끓으면 불을 끄고 튀긴 찹쌀을 넣은 후 재빨리 고루 섞는다. 붉은색을 낼 때는 끓을 때 백년초가루를 넣는다.

4 틀에 붓고 밀대를 이용하여 1cm 두께로 민다.

5 건파래, 건딸기를 올리고 굳기 전에 썬다.

깨강정

● 재료 및 분량

흰깨 1컵 · 물엿 5큰술 · 설탕 1큰술 · 물 4큰술

● 만드는 법

1 흰깨는 물을 붓고 손으로 문질러 씻은 다음 체에 건져서 물기를 없애고 두터운 팬에 볶는다.

2 냄비에 물엿, 설탕, 물을 넣고 끓인다.

3 작은 거품이 생기고 큰 거품이 생기면서 가장자리에 색이 나기 시작하면 불을 끄고 깨를 넣어 나무주걱으로 고루 섞고 한 덩어리로 뭉쳐지면 틀에 붓고 밀대를 이용하여 0.5cm 두께로 민다.

4 대추와 호박씨를 올리고 굳기 전에 일정한 크기로 썬다.

흑임자강정

● 재료 및 분량

검은깨 1컵 · 물엿 5큰술 · 설탕 1큰술 · 물 4큰술

● 만드는 법

1 흑임자는 물을 붓고 손으로 문질러 씻은 다음 체에 건져서 물기를 없앤 뒤 두터운 팬에 볶는다.

2 냄비에 물엿, 설탕, 물을 넣고 끓인다.

3 작은 거품이 생기고 큰 거품이 생기면서 가장자리에 색이 나기 시작하면 불을 끄고 깨를 넣어 나무주걱으로 고루 섞고 한 덩어리로 뭉쳐지면 틀에 붓고 밀대로 0.5cm 두께로 민다.

4 굳기 전에 일정한 크기로 썰고 잣으로 고명을 한다.

네모깨강정

● 재료 및 분량

실깨 1컵 · 물엿 5큰술 · 설탕 1큰술 · 물 4큰술

실깨 1컵 · 물엿 5큰술 · 설탕 1큰술 · 물 4큰술 · 백련초가루 1작은술

실깨 1컵 · 물엿 5큰술 · 설탕 1큰술 · 물 4큰술 · 녹차가루 1작은술

실깨 1컵 · 물엿 5큰술 · 설탕 1큰술 · 물 4큰술 · 커피가루 1작은술

흑임자 1컵 · 물엿 5큰술 · 설탕 1큰술 · 물 4큰술

● 만드는 법

1 흰깨는 물을 붓고 손으로 문질러 씻은 다음 체에 건져서 물기를 없앤
   뒤 두터운 팬에 살짝 볶는다.

2 냄비에 각각 물엿, 설탕, 물을 넣고 색을 넣지 않은 것, 백년초가루, 녹
   차가루, 커피가루로 색을 내어 끓인다.

3 작은 거품이 생기고 큰 거품이 생기면서 가장자리에 색이 나기 시작하
   면 불을 끄고 각각 깨를 넣어 나무주걱으로 고루 섞고 한 덩어리로 뭉
   쳐지면 일부는 틀에 부어 정사각형 막대모양으로 썰고 나머지는 밀대
   로 얇게 민다.

4 얇게 민 강정에 4가지 다른 색 정사각형 막대강정을 놓고 사각으로 싼
   다음 일정하게 썬다.

들깨강정

● 재료 및 분량

들깨 1컵 · 물엿 5큰술 · 설탕 1큰술 · 물 4큰술 · 대추 2개 · 건파래 5g

● 만드는 법

1 들깨는 깨끗이 씻은 다음 체에 건져서 물기를 없애고 두터운 팬에 볶는다.

2 냄비에 물엿, 설탕, 물을 넣고 끓인다.

3 작은 거품이 생기고 큰 거품이 생기면서 가장자리에 색이 나기 시작하면 불을 끄고 들깨를 넣어 나무주걱으로 고루 섞고 한 덩어리로 뭉쳐지면 틀에 붓고 밀대로 0.5cm 두께로 민다.

4 대추채와 건파래를 올리고 굳기 전에 일정한 크기로 썬다.

수수 · 율무 강정

● 재료 및 분량

튀긴 수수 1컵 · 물엿 1/2컵 · 설탕 1작은술 · 물 1큰술 · 식용유

튀긴 율무 1컵 · 물엿 1/2컵 · 설탕 1작은술 · 물 1큰술 · 식용유

● 만드는 법

1 수수와 율무는 불려서 체에 건져 물기를 빼고 김이 오르면 찜기에 넣고 찐 후 넓은 판에 펴서 말린다.

2 200℃ 기름에 수수와 율무를 각각 넣고 재빨리 튀겨서 건져낸다.

3 설탕, 물엿, 물을 넣고 약간 바글바글 끓으면 불을 끄고 수수와 율무를 각각 넣고 재빨리 고루 섞는다.

4 일정한 양을 떼어 손에 물을 묻혀가며 동그랗게 뭉친다.

들깨 · 깨 강정

깨는 허약한 체질을 강하게 하고 두뇌를 좋게 하며 근육과 뼈를 강화시키는 장수식품이다.

● **재료 및 분량**

들깨 1컵 · 물엿 5큰술 · 설탕 1큰술 · 물 4큰술 · 호박씨 1큰술
땅콩 1큰술 · 잣 1큰술 · 흰깨 1컵 · 물엿 5큰술 · 설탕 1큰술 · 물 4큰술
건블루베리 1큰술 · 건딸기 1큰술

● **만드는 법**

1 들깨와 흰깨는 각각 깨끗이 씻은 다음 체에 건져서 물기를 없애고 두터운 팬에 볶는다.

2 냄비에 물엿, 설탕, 물을 넣고 끓인다.

3 작은 거품이 생기고 큰 거품이 생기면서 가장자리에 색이 나기 시작하면 불을 끈 뒤 들깨는 호박씨, 다진 땅콩, 잣을 넣고, 흰깨는 건블루베리, 건딸기를 넣고 나무주걱으로 고루 섞어 한 덩어리로 뭉쳐지면 일정한 양을 떼어 손에 물을 묻혀가며 동그랗게 뭉쳐 하트모양 틀에 넣는다.

오곡강정

강정을 만들 때 고두밥에 엿기름물을 넣고 당화시킨 엿물을 오래 조려서 만든 엿을 만들어 쓰면 맛과 영양이 뛰어나다.

● 재료 및 분량

튀긴 수수 1컵 · 튀긴 율무 1컵 · 튀긴 찹쌀 2½컵 · 튀긴 흑미 1/2컵
물엿 1/2컵 · 설탕 1작은술 · 물 1큰술 · 식용유 1ℓ

● 만드는 법

1 수수와 율무는 불려서 소쿠리에 건져 물기를 뺀 뒤 김이 오르면 찜기에 넣고 찐 뒤 넓은 판에 펴서 말린다.

2 찹쌀과 흑미는 각각 8시간 불려서 고두밥을 지어 물에 헹구고 소금물에 담갔다가 건져 말린 뒤 중간에 붙지 않게 떼어 쌀알이 하나씩 되게 하여 완전히 말려 섞는다.

3 200℃ 기름에 한 줌씩 넣고 재빨리 건져낸다.

4 설탕, 물엿, 물을 넣고 약간 바글바글 끓으면 불을 끄고 튀긴 잡곡과 쌀을 넣고 재빨리 고루 섞는다.

5 일정한 양을 떼어 손에 물을 묻혀가며 동그랗게 뭉친다.

밤초

과수의 열매나 뿌리를 익혀서 꿀에 조린 것으로 숙실과는 만드는 방법에 따라 초(炒)와 란(卵)으로 나뉜다. 밤초(炒)는 밤을 익힌 후 조려서 밤모양으로 만든 것이다.

● 재료 및 분량

밤 10개 · 소금 약간 · 설탕 3큰술 · 꿀 2큰술 · 계핏가루 약간

● 만드는 법

1 밤은 껍질을 벗겨 물에 담근다.

2 물이 끓으면 소금을 넣고 밤을 살짝 데친 뒤 다시 냄비에 담아 밤이 잠길 정도의 물을 붓고 설탕을 넣어 불에 올려 끓인다.

3 끓어오르면 불을 약하게 줄인 뒤 거품을 걷어내고 끓인다.

4 설탕물이 조금 남으면 꿀을 넣어 조린 후 계핏가루를 소량 넣어 고루 섞어 그릇에 담는다.

대추초

과수의 열매나 뿌리를 익혀서 꿀에 조린 것으로 숙실과는 만드는 방법에 따라 초(抄)와 란(卵)으로 나뉜다. 대추초(抄)는 대추를 익힌후 조려서 대추모양으로 만든 것이다.

● 재료 및 분량

대추 10개 · 꿀 3큰술 · 잣 50g · 계핏가루 약간 · 식용유 약간

● 만드는 법

1 대추는 젖은 행주로 닦아서 먼지를 없애고 청주를 뿌려 따뜻한 곳에 두어 말랑하게 한다.

2 칼로 대추의 씨를 빼고 꿀을 발라 잣을 채워서 원래의 모양을 만든다.

3 냄비에 잣을 채운 대추와 꿀을 함께 담아 약한 불에 올려서 서서히 조린 뒤 계핏가루를 뿌려 살짝 섞는다. 마지막에 식용유를 한 방울 넣으면 붙지 않는다.

조란

대추를 익힌 후 으깨어 설탕과 물을 넣고 조려서 다시 본래의 형태
와 비슷하게 빚은 것이다.

● 재료 및 분량

대추 10개 • 청주 50cc • 설탕 2큰술 • 꿀 3큰술 • 계핏가루 약간 • 물 약간

● 만드는 법

1 대추는 젖은 행주로 깨끗이 닦아 정종, 설탕에 버무려 잠시 재운 후 찜
통에 찐다.

2 대추는 씨를 빼고 곱게 다지거나 분쇄기에 간다.

3 두꺼운 냄비에 물, 설탕, 꿀, 계핏가루, 대추를 넣고 약한 불에서 서서
히 저어가며 조린다.

4 윤기나게 조려지면 대추 반죽을 조금씩 떼어 대추모양으로 빚는다.

율란

밤을 익힌 후 으깨어 설탕이나 물에 조려 다시 본래의 형태와 비슷
하게 빚은 것이다.

● **재료 및 분량**

밤 7개 · 꿀 1큰술 · 계핏가루 1/2작은술 · 잣가루 2큰술

● **만드는 법**

1 밤은 껍질을 완전히 벗기고 푹 삶아 뜨거울 때 으깨어 체에 내린다.

2 으깬 밤에 꿀과 계핏가루를 넣고 고루 섞어 뭉쳐질 수 있도록 한다.

3 밤 반죽을 조금씩 떼어 밤모양으로 빚은 후 한쪽 끝에 계핏가루나 잣
   가루를 고루 묻힌다.

생란

생강을 익힌 후 으깨어 설탕과 물을 넣고 조려서 다시 본래의 형태
와 비슷하게 빚은 것이다.

● 재료 및 분량

생강 300g · 설탕 120g · 물 3컵 · 꿀 3큰술 · 잣가루 1/2컵

● 만드는 법

1 생강은 되도록 큰 것으로 골라 껍질을 벗긴 뒤 얇게 저며서 믹서에 물
을 넣고 곱게 간다.

2 간 생강을 체에 쏟아서 맵지 않게 여러 번 물에 헹군 뒤 냄비에 담고
생강 물은 그대로 가라앉혀서 윗물은 버리고 녹말 앙금을 만든다.

3 냄비에 담은 생강 건지에 물과 설탕을 넣고 불에 올려서 끓어오르면
약한 불로 서서히 조린다. 거품은 걷어낸다.

4 생강이 거의 조려져 물기가 적어지면 꿀을 넣고 잠시 더 조리다가 가
라앉은 녹말 앙금을 넣고 골고루 섞어 엉기게 한 뒤 차게 식힌다.

5 잣은 도마에 종이를 깔고 곱게 다져서 가루를 만든다.

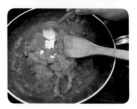

6 조린 생강은 손에 물을 묻혀서 삼각뿔이 난 생강모양으로 빚어서 잣가
루를 고루 묻혀 그릇에 담는다.

호박란

호박을 익힌 후 으깨어 설탕과 물을 넣고 조려서 다시 본래의 형태
와 비슷하게 빚은 것이다.

● 재료 및 분량

늙은 호박(단호박) 1/6개 · 설탕 2큰술 · 꿀 3큰술 · 대추 2개
단호박정과 10g

● 만드는 법

1 호박은 씨를 제거하여 찜기에 넣고 찐다.

2 익으면 속을 파내어 체에 내린다.

3 두꺼운 냄비에 물, 설탕, 꿀을 넣고 끓으면 호박을 넣고 약한 불에서
   서서히 저어가며 조린다.

4 윤기나게 조려지면 손으로 매만져서 호박모양으로 빚고 대추와 단호
   박정과로 장식한다.

당근란

당근을 익힌 후 으깨어 설탕과 물을 넣고 조려서 다시 본래의 형태
와 비슷하게 빚은 것이다.

● **재료 및 분량**

당근 1개 · 설탕 2큰술 · 꿀 3큰술 · 호박씨 30개

● **만드는 법**

1　당근은 깨끗이 씻어 토막을 낸 뒤 분쇄기에 간다.

2　두꺼운 냄비에 설탕, 꿀을 넣고 끓으면 당근을 넣고 약한 불에서 서서
　히 저어가며 조린다.

3　윤기나게 조려지면 손으로 매만져서 당근모양으로 빚고 호박씨로 장
　식한다.

흑임자 · 송화 다식

다식은 깨, 콩, 찹쌀, 밀 등의 곡식을 빻아서 볶은 가루나 송홧가루를 꿀로 반죽하여 다식판에 꼭꼭 눌러서 여러 가지 문양이 나오도록 박아낸 것으로 원재료의 고유한 맛과 꿀의 단맛이 잘 조화된 것이 특징이다. 송홧가루는 봄철 솔가지에서 떨어지는 노란 가루를 물 담긴 자배기에 담아 위에 뜨면 건져 한지에 깔아 말려두었다가 쓴다.

흑임자다식

● **재료 및 분량**

흑임자 1컵 · 꿀 1½큰술 · 소금 약간

● **만드는 법**

1 흑임자는 깨끗이 씻어 타지 않게 살짝 볶아 입자를 아주 곱게 간다.
2 흑임자가루에 꿀, 소금을 넣고 한 덩어리로 뭉쳐서 찜기에 넣고 찐다.
3 2를 절구통에 넣고 찧은 후 반죽을 조금씩 떼어 꼭꼭 눌러 다식판에 참기름을 발라 박아내거나 랩을 씌워 박아 낸다.

송화다식

● **재료 및 분량**

송홧가루 1컵 · 꿀 1큰술 · 설탕 1큰술 · 조청 1큰술 · 물 1큰술

● **만드는 법**

1 두꺼운 냄비에 꿀, 설탕, 조청, 물을 섞어 끓인 후 식혀서 송홧가루를 가루가 날리지 않도록 조심스럽게 넣고 반죽을 한다.
2 반죽을 밤톨만큼 떼어 꼭꼭 눌러 다식판에 참기름을 발라 찍어 내거나 랩을 씌워 찍어 낸다.

녹차 · 백년초 · 흑미 · 쌀 다식

『삼국유사』에 의하면 삼국시대에 찻잎가루로 다식을 만들어 제사상에 올렸다는 기록이 있으며 혼례상, 회갑상, 제사상 등 의례상에는 반드시 등장하는 과자이다.

녹차다식

● 재료 및 분량

마분말 30g · 인삼분말 10g · 녹차분말 5g · 꿀 1½큰술

● 만드는 법

1 마분말, 인삼분말, 녹차분말에 꿀을 넣고 반죽을 한다.
2 다식판에 눌러 박아 낸다.

백년초다식

● 재료 및 분량

마가루 30g · 인삼가루 10g · 백년초가루 5g · 꿀 1½큰술

● 만드는 법

1 마가루, 인삼가루, 백년초가루에 꿀을 넣고 반죽을 한다.
2 백년초의 양을 조절하여 진한 색과 연한 색의 두 가지를 만든다.
3 다식판에 진한 색을 눌러 박고 그 위에 연한 색을 눌러 박아 낸다.

흑미다식

● 재료 및 분량

흑미 1컵 · 소금 약간 · 꿀 4큰술 · 참기름 1큰술

● 만드는 법

1 흑미를 씻어 불린 뒤 소금을 약간 넣고 간다.
2 흑미가루에 물 반죽을 하여 찜기에 찐 다음 말려서 곱게 간다.
3 마른 흑미가루에 꿀을 넣고 반죽하여 참기름을 바른 다식판에 찍어 낸다.

쌀다식

● 재료 및 분량

쌀 1컵 · 소금 약간 · 꿀 4큰술 · 참기름 약간

● 만드는 법

1 쌀을 씻어 불린 뒤 소금을 약간 넣고 간다.
2 쌀가루에 물 반죽을 하여 찐 다음 말려서 곱게 간다.
3 마른 쌀가루에 꿀을 넣고 반죽하여 참기름을 바른 다식판에 찍어 낸다.
4 백설기를 말려서 간 뒤 꿀을 넣고 반죽하여 다식판에 찍어 내기도 한다.

포다식

포다식은 육포나 명태포를 갈아서 꿀로 반죽한 뒤 다식판에 꼭꼭 눌러 여러 가지 문양이 나오도록 박아 낸 것이다.

● 재료 및 분량

육포 100g · 꿀 1큰술 · 설탕 1큰술 · 조청 1큰술 · 물 1큰술
북어포 100g · 꿀 1큰술 · 설탕 1큰술 · 조청 1큰술 · 물 1큰술
백년초가루 1/2작은술 · 녹차가루 1/2작은술

● 만드는 법

1 육포는 잘게 썰어 분쇄기에 넣고 간다.

2 두꺼운 냄비에 꿀, 설탕, 조청, 물을 섞어 끓인 후 식혀서 간 육포에 넣고 반죽을 한다.

3 북어보푸라기에 색을 들이고 꿀, 설탕, 조청, 물을 섞어 끓인 후 식혀서 넣고 반죽한다.

4 참기름을 바른 다식판에 북어보푸라기반죽, 육포반죽을 넣고 찍어 낸다.

다식의 유래

고려시대에는 불교를 국교로 함으로써 불교의 보급과 함께 차 마시는 일을 즐겨 하였다. 떡차 판에 찍어 떡의 형태를 가진 차과자(茶菓子)란 뜻으로 다식이라 하였다. 고려 말에는 팔관회 등 불교의식을 행할 때 술과 식사에 앞서 올렸고 왕이 신하에게 선물로 하사하기도 하였다.

조선시대에도 제물로 쓰이거나 연회 때 예물로 쓰였고 중국 등 외국에 선물용으로도 보내졌으나 불교문화의 쇠퇴로 차 마시는 문화도 점차 사라지게 되었다. 허균의 『도문대작』에 "가례(家禮)에는 절개를 상징하는 의미로 쌀가루, 밀가루를 사용하였고 연회상에는 흑임자, 송화, 황률 등을 사용했다"고 쓰여 있으며 『규합총서』에는 "검은깨를 소반에 놓고 흰깨를 낱낱이 가리고 타게 볶으면 못 쓰니 알맞추어 볶아 찧어 고운체로 쳐 좋은 꿀로 질게 반죽하여 돌 절구에 마주 서서 힘껏 오래 찧어라. 위로 기름이 흐르거든 덩이 지어 수건이나 손으로 죄어 기름을 짠 후 글자 깊고 분명히 새겨진 판에 설탕가루로 글자만 빈틈없이 메우고 다른 데 묻은 것은 다 씻으면 검은 비단에 흰 실로 글자를 수놓은 듯하다. 설탕을 잘못 놓아 두루 묻으면 깔끔치 못하다"라고 흑임자 다식 만드는 법이 적혀 있다.

삼색매작과

'매화나물에 참새가 앉은 모습과 같다' 하여 매작과(梅雀菓)라 하며 후식으로 차와 함께 내거나 간식, 다과상에 어울리는 과자이다.

● **재료 및 분량**

밀가루 1컵 · 생강 10g · 소금 약간 · 식용유 3컵

❀ **색 내기**
백년초가루 1/2작은술 · 녹차가루 1/2작은술 · 치자물 1큰술

❀ **설탕시럽**
설탕 1/2컵 · 물 1/2컵

● **만드는 법**

1 밀가루를 3등분하여 소금을 넣고 체에 친 다음 생강을 곱게 갈아 넣고 물을 넣은 뒤 각각 되직하게 반죽을 한다.

2 반죽한 밀가루를 얇게 밀어 길이 5cm, 폭 2cm로 잘라서 내천(川)자처럼 세 군데 칼집을 넣어 맨 가운데로 한번만 뒤집는다.

3 150℃의 기름에 재료를 넣고 노릇하게 튀긴다.

4 설탕과 물을 동량으로 넣고 중불에서 끓여 다시 반이 될 때까지 조려 설탕시럽을 만든다.

5 매작과를 설탕시럽에 담갔다가 체에 건져 담는다.

리본매작과

밀가루를 반죽하여 밀어서 리본모양으로 만들어 튀긴 후 시럽을 묻힌 과자이다. 색을 곱게 내기 위해 백년초, 녹차, 치자 등을 섞기도 한다.

● **재료 및 분량**

밀가루 1컵 · 생강 10g · 소금 약간 · 식용유 3컵

❀ **색 내기**
백년초가루 1/2작은술 · 녹차가루 1/2작은술 · 치자물 1큰술

❀ **설탕시럽**
설탕 1/2컵 · 물 1/2컵

● **만드는 법**

1 밀가루를 3등분하여 소금을 넣고 체에 친 다음 생강을 곱게 갈아 넣고 물을 넣은 뒤 각각 되직하게 반죽을 한다.

2 반죽한 밀가루를 얇게 밀어 길이 5cm, 폭 2cm로 자른 뒤 리본모양을 만든다.

3 150℃의 기름에 재료를 넣고 노릇하게 튀긴다.

4 설탕과 물을 동량으로 넣고 중불에서 끓여 다시 반이 될 때까지 조려 설탕시럽을 만든다.

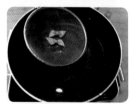

5 매작과를 설탕시럽에 담갔다가 체에 건져 담는다.

꽃채소과

채소과(菜蔬菓)는 밀가루에 참기름과 꿀을 섞어 반죽한 뒤 직사각형
으로 썰어 끝을 잡고 서너 번 비틀어서 기름에 지져 설탕과 계핏가
루를 뿌린 유밀과의 일종이다. 채소과는 소대상(小大祥)에 올려지
는 제사음식이다.

● 재료 및 분량

밀가루 1컵 · 생강 10g · 소금 약간 · 식용유 3컵

❀ 색 내기

백년초가루 1/2작은술 · 녹차가루 1/2작은술 · 치자물 1큰술

❀ 설탕시럽

설탕 1/2컵 · 물 1/2컵

● 만드는 법

1 밀가루를 3등분하여 소금을 넣고 체에 친 다음 생강을 곱게 갈아 넣고
   물을 넣은 뒤 각각 되직하게 반죽을 한다.

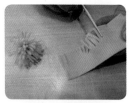

2 반죽한 밀가루에 2색을 붙인 뒤 다시 얇게 밀어 길이 15cm, 폭 4cm로
   잘라서 칼집을 넣고 돌돌 말아 꽃모양을 만든다.

3 150℃의 기름에 재료를 넣어 노릇하게 튀긴다.

4 설탕과 물을 동량으로 넣고 중불에서 끓여 다시 반이 될 때까지 조린
   뒤 설탕시럽을 만든다.

5 매작과를 설탕시럽에 담갔다가 체에 건져 담는다.

타래과

나라에 경사가 있을 때 천연재료를 이용해서 색스럽게 만들어 궁중 잔치상에 올렸던 유밀과이다. 밀가루를 반죽하여 얇게 민 뒤 사람의 손을 폈을 때의 모양으로 만들어 기름에 지져낸 후 시럽이나 꿀에 재었다가 먹는 한과이다.

● 재료 및 분량

밀가루 1컵 · 생강 10g · 소금 약간 · 식용유 3컵

✿ 색 내기

백년초가루 1/2작은술 · 녹차가루 1/2작은술 · 치자물 1큰술

✿ 설탕시럽

설탕 1/2컵 · 물 1/2컵

● 만드는 법

1 밀가루를 3등분하여 소금을 넣고 체에 친 다음 생강을 곱게 갈아서 넣고 물을 넣은 뒤 각각 되직하게 반죽을 한다.

2 반죽한 밀가루를 얇게 밀어서 가늘게 썬 뒤 손으로 밀어 타래모양을 만든다.

3 150℃의 기름에 재료를 넣어 노릇하게 튀긴다.

4 설탕과 물을 동량으로 넣고 중불에서 끓여 다시 반이 될 때까지 조린 뒤 설탕시럽을 만든다.

5 매작과를 설탕시럽에 담갔다가 체에 건져 담는다.

약과

약과는 유밀과(油蜜菓)의 하나로 약(藥)이 되는 과자(菓子)라는 뜻이다. 사치스러운 고급 과자로서 정월에 많이 만들어 먹었으며 통과의례나 명절, 잔치, 제향(祭享) 때의 필수음식이었다.

● 재료 및 분량

중력 1.5kg · 박력 1kg · 소금 25g · 후추 1g · 참기름 235g · 식용유 200g
시럽 400g : 소주 700~740g(해우밀가루 500g 기준으로 200cc)
해우밀가루 500g 기준 : 쌀엿(조청) 3컵 · 물엿 3컵 · 생강 3쪽

● 만드는 법

1 중력분, 박력분, 소금, 후추, 참기름, 식용유를 넣고 고루 섞어 체에 내려 해후밀가루를 만든다.

2 설탕과 물을 동량으로 넣고 끓여서 설탕이 녹으면 불을 끈다.

3 1에 시럽과 소주를 넣고 빠르게 뭉치듯이 섞은 뒤 네모 모양으로 밀어서 일정한 크기로 썰어 포크로 콕콕 찔러 모양을 낸다.

4 처음 70℃에서 넣기 시작하여 100℃에서 계속 튀긴 후 떠오르기 시작하면 150℃로 높여 색깔이 골고루 나도록 뒤집어가면서 튀긴다.

5 튀긴 약과는 기름종이를 깔아 하루 정도 두어 기름을 뺀다.

6 쌀엿과 물엿을 동량으로 넣고 생강을 편으로 썰어 넣고 끓여서 식힌 뒤 약간 따뜻한 정도가 되면 볼(bowl)에 약과를 놓고 즙청을 부어서 비닐을 씌워 12시간 정도 두었다가 체에 건져서 하루쯤 둔다.

약과의 유래

고려시대 때 널리 유행하여 왕족과 귀족, 사원과 민가에서 즐겨 만들었는데 특히 "왕족과 반가, 사원에서 유밀과를 만드느라 곡물과 꿀, 기름 등을 많이 허실함으로써 물가가 올라 민생을 어렵게 한다."고 하여 고려 명종 22년(1192)과 공민왕 2년(1353)에는 유밀과 제조금지령을 내렸다. 이후 조선시대에는 약과가 대표적인 기호식품이 되었으며 『오주연문장전산고』와 1613년 『지봉유설(芝峯類說)』에 "그 재료인 밀은 춘하추동을 거쳐서 익기 때문에 사시(四時)의 기운을 받아 널리 정(精)이 되고 꿀은 백약(百藥)의 으뜸이며, 기름은 살충(殺虫)하고 해독(解毒)하기 때문이다."고 재료를 설명하고 있다.
1948년 『조선상식』에는 "조선에서 만드는 과자 가운데 가장 상품이며 온 정성을 들여 만드는 점에서 세계에 그 짝이 없을 만큼 특색 있는 과자다"고 하였으며 『성호사설』에는 "약과는 여러 가지 과실 모양이나 새의 모양으로 만들었던 것이나, 훗일에 고이는 풍습이 생겨나면서 넓적하게 자르게 되었다"는 기록을 볼 수 있다.

모약과

● 재료 및 분량

밀가루 1kg • 소금 1큰술 • 설탕 1컵 • 참기름 1컵 • 꿀 1/2컵 • 청주 1컵 • 생강 125g

✿ 집청
쌀 조청 1ℓ • 물 1컵 • 생강 125g

● 만드는 법

1 밀가루에 소금, 설탕을 넣고 고루 섞은 다음 참기름을 넣고 손으로 비벼서 체에 2번 내린다.

2 정종에 생강을 넣고 갈아서 1의 가루에 조금씩 대충 섞어가며 반죽을 한다. 꿀을 넣어 반죽의 정도를 조절한다.

3 반죽을 밀대로 밀어 반으로 갈라 층을 쌓고 다시 민다. 2~3회 반복한 후 1cm 두께로 민 다음 썰어서 칼집을 내어 튀긴다.

4 낮은 온도(120℃)에서 연한 미색이 될 때까지 켜를 살린 다음 센 불(170℃)로 옮겨 갈색이 나게 튀겨 낸다. 체에 밭쳐 기름을 뺀다.

5 쌀 조청에 생강 간 물을 넣고 끓여 집청을 만든 뒤 튀겨낸 약과를 담 갔다가 스며들면 건져낸다.

유과(손가락강정)

유과는 모양에 따라 네모나게 만든 산자, 누에고치모양을 한 손가락강정, 네모지게 잘게 썬 빙사과 등으로 나뉘며, 고물에 따라 깨·벼를 튀겨 만든 매화, 찹쌀 찐 것을 말렸다가 튀긴 세반, 세반을 잘게 부순 세건반 등으로 나뉜다.

● 재료 및 분량

찹쌀 1.6kg · 불린 흰콩 10~12알 · 설탕 1컵 · 소주 1/2컵 · 밀가루 3컵
식용유 10컵 · 튀밥 10컵

❀ 집청
물엿 2컵 · 물 1/2컵

● 만드는 법

1 찹쌀은 깨끗이 씻어 도중에 물을 갈지 않고 골마지가 끼도록 둔다.

2 1~2주 후 불린 쌀을 깨끗이 씻은 뒤 빻아서 체에 내린다. 불린 콩에 물을 붓고 믹서에 간다.

3 체에 내린 쌀에 술과 설탕을 저어 고루 섞고 콩물을 조금씩 넣는다.

4 부스스하면서 덩어리로 뭉쳐질 수 있는 정도의 반죽으로 상태를 보아가며 콩물을 조금씩 붓는다.

5 찜기에 젖은 면보자기를 깔고 반죽 덩어리를 안쳐 찐다. 도중에 고루 익도록 뒤집어준다.

6 찐 떡을 절구에 붓고 꽈리가 일도록 친다.

7 넓은 판에 전분을 뿌린 뒤 친 떡을 놓고 밀가루를 뿌려 0.5cm 두께로 민다.

8 어느 정도 마르면 손가락 강정용(1×4cm)으로 썬다.

9 2~3일 정도 깨지지 않을 정도로 말려 낮은 온도(100℃)의 기름에서 숟가락으로 양끝을 눌러 펴주어 부풀어 오르면 높은 온도(160℃)의 기름에 넣고 튀긴다.

10 물엿에 물을 넣고 끓어오르면 불을 끄고 유과를 넣고 집청하여 건진 뒤 튀밥이나 고물을 묻힌다.

유과(산자)

● 재료 및 분량

찹쌀 1.6kg · 불린 흰콩 10~12알 · 설탕 1컵 · 소주 1/2컵 · 밀가루 3컵
식용유 10컵 · 튀밥 10컵

✤ 집청
물엿 2컵 · 물 1/2컵

● 만드는 법

1 찹쌀은 깨끗이 씻어 도중에 물을 갈지 않고 골마지가 끼도록 둔다.

2 1~2주 후 불린 쌀을 깨끗이 씻은 뒤 빻아 체에 내린다. 불린 콩에 물을 붓고 믹서에 간다.

3 체에 내린 쌀에 술과 설탕을 넣고 저어 고루 섞은 뒤 콩물을 조금씩 넣는다.

4 부스스하면서 덩어리로 뭉쳐질 수 있는 정도의 반죽으로 상태를 보아 가며 콩물을 조금씩 붓는다.

5 찜기에 젖은 면보자기를 깔고 반죽 덩어리를 안쳐 찐다. 도중에 고루 익도록 뒤집어준다.

6 찐 떡을 절구에 붓고 꽈리가 일도록 친다.

7 넓은 판에 전분을 뿌리고 친 떡을 놓고 밀가루를 뿌려 0.5cm 두께로 민다.

8 어느 정도 마르면 정사각형(4×4cm)으로 썬다.

9 2~3일 정도 깨지지 않을 정도로 말려 낮은 온도(100℃)의 기름에서 숟가락으로 양끝을 눌러 펴주어 부풀어 오르면 높은 온도(160℃)의 기름에 넣고 튀긴다.

10 물엿에 물을 넣고 끓어오르면 불을 끄고 유과를 넣고 집청하여 건져서 튀밥을 묻힌다.

삼색유과(산자)

● 재료 및 분량

찹쌀 1.6kg · 불린 흰콩 10~12알 · 설탕 1컵 · 소주 1/2컵 · 밀가루 3컵
식용유 10컵 · 튀밥 8컵 · 흑임자 1컵 · 흰깨 1컵

❀ 집청
물엿 2컵 · 물 1/2컵

● 만드는 법

1 찹쌀은 깨끗이 씻어 도중에 물을 갈지 않고 골마지가 끼도록 둔다.

2 1~2주 후 불린 쌀을 깨끗이 씻은 뒤 빻아 체에 내린다. 불린 콩에 물을 붓고 믹서에 간다.

3 체에 내린 쌀에 술과 설탕을 저어 고루 섞은 뒤 콩물을 조금씩 넣는다.

4 부스스하면서 덩어리로 뭉쳐질 수 있는 정도의 반죽으로 상태를 보아가며 콩물을 조금씩 붓는다.

5 찜기에 젖은 면보자기를 깔고 반죽 덩어리를 안쳐 찐다. 도중에 고루 익도록 뒤집어준다.

6 찐 떡을 절구에 붓고 꽈리가 일도록 친다.

7 넓은 판에 전분을 뿌리고 친 떡을 놓고 밀가루를 뿌려 0.5cm 두께로 민다.

8 어느 정도 마르면 정사각형(4×4cm)으로 썬다.

9 2~3일 정도 깨지지 않을 정도로 말려 낮은 온도(100℃)의 기름에서 숟가락으로 양끝을 눌러 펴주어 부풀어 오르면 높은 온도(160℃)의 기름에 넣고 튀긴다.

10 물엿에 물을 넣고 끓어오르면 불을 끄고 유과를 넣은 뒤 집청하여 건져서 튀밥, 흰깨, 검은깨를 묻힌다.

단호박양갱

호박은 발암물질을 억제하고 야맹증, 각막건조증에 효과가 있으며
당뇨, 고혈압, 전립선 비대에도 좋다.

● 재료 및 분량

한천 4g · 물 1컵 · 설탕 3큰술 · 단호박 쪄서 으깬 것 1/2컵 · 소금 약간
물엿 2큰술

● 만드는 법

1 한천 말린 것에 찬물을 붓고 1시간 정도 불린다.

2 불린 한천을 냄비에 담고 물을 부어 불 위에 올려 끓인다.

3 한천이 투명해지면 설탕을 넣고 약한 불에서 서서히 끓인다.

4 쪄서 으깬 단호박을 넣고 약한 불에서 저어가며 30분 정도 끓인다.

5 소금, 물엿을 넣고 끓인 후 약간 묽은 상태가 되면 틀에 붓는다.

6 굳혀지면 틀로 찍어 낸다.

오미자 · 녹차 · 수삼정과 양갱

오미자양갱

오미자를 깨끗이 씻어 물에 우린 뒤 고운 색이 나면 거른다. 여기에 설탕, 녹말을
넣고 천천히 저어 틀에 부어 굳혀서 식힌 것이다.

● 재료 및 분량
한천 4g · 물 1컵 · 설탕 3큰술 · 오미자 우린 물 1/2컵 · 소금 약간 · 물엿 2큰술

● 만드는 법
1 한천 말린 것을 불린다.
2 불린 한천을 냄비에 담고 물을 부어 불 위에 올려 끓인다.
3 설탕을 넣고 끓인다.
4 오미자 우린 물을 넣고 끓인다.
5 소금, 물엿을 넣고 중불에서 서서히 끓인 후 약간 묽은 상태가 되면 틀에 붓는다.

녹차양갱

녹차가루는 어린 차나무 잎을 따서 찐 뒤 말린 것을 곱게 간 것으
로 말차, 과자, 음료 등 건강식품으로 다양하게 이용되고 있다.

● 재료 및 분량
한천 4g · 물 1컵 · 설탕 3큰술 · 녹차가루 1/4작은술 · 소금 약간 · 물엿 2큰술

● 만드는 법
1 한천 말린 것을 불린다.
2 불린 한천을 냄비에 담고 물을 부어 불 위에 올려 끓인다.
3 설탕을 넣고 끓인다.
4 녹차가루를 물에 풀어서 넣고 중불에서 서서히 끓인다.
5 소금, 물엿을 넣고 끓인 후 약간 묽은 상태가 되면 틀에 붓는다.

수삼정과양갱

수삼은 암세포 증식을 막아주는 항암물질이 많이 함유되어 있고 허
약한 생체를 정상으로 회복시키는 강장효과가 크다.

● 재료 및 분량
한천 4g · 물 1컵 · 설탕 3큰술 · 수삼 달인 물 1컵 · 소금 약간 · 물엿 2큰술

● 만드는 법
1 한천 말린 것을 불린다.
2 불린 한천을 냄비에 담고 물을 부어 불 위에 올려 끓인다.
3 설탕을 넣고 끓인다.
4 수삼 달인 물을 넣고 중불에서 서서히 끓인다.
5 소금, 물엿을 넣고 끓인 후 약간 묽은 상태가 되면 틀에 붓는다.

포도 · 단호박 · 팥 양갱

포도양갱

● 재료 및 분량

한천 4g · 물 1컵 · 설탕 3큰술 · 포도즙 2/3컵 · 소금 약간 · 물엿 2큰술

● 만드는 법

1 한천 말린 것을 불린다.
2 불린 한천을 냄비에 담고 물을 부어 불 위에 올려 끓인다.
3 설탕을 넣고 끓인다.
4 포도즙을 넣고 중불에서 서서히 끓인다.
5 소금, 물엿을 넣고 끓인 후 약간 묽은 상태가 되면 틀에 붓는다.

단호박양갱

● 재료 및 분량

한천 4g · 물 1컵 · 설탕 3큰술 · 단호박 쪄서 으깬 것 1/2컵 · 소금 약간 ·
물엿 2큰술

● 만드는 법

1 한천 말린 것을 불린다.
2 불린 한천을 냄비에 담고 물을 부어 불 위에 올려 끓인다.
3 설탕을 넣고 끓인다.
4 단호박을 쪄서 으깬 것을 넣고 중불에서 서서히 끓인다.
5 소금, 물엿을 넣고 끓인 후 약간 묽은 상태가 되면 틀에 붓는다.
6 굳혀지면 틀로 찍어낸다.

팥양갱

● 재료 및 분량

한천 4g, 물 1컵, 설탕 1큰술, 팥 앙금 1/2컵, 소금 약간, 물엿 2큰술

● 만드는 법

1 한천 말린 것을 불린다.
2 불린 한천을 냄비에 담고 물을 부어 불 위에 올려 끓인다.
3 설탕을 넣고 끓인다.
4 팥 앙금을 넣고 중불에서 서서히 끓인다.
5 소금, 물엿을 넣고 끓인 후 약간 묽은 상태가 되면 틀에 붓는다.

섭산삼

방망이로 두들겨 소금물에 담가 쓴맛을 뺀 더덕에 찹쌀가루를 묻혀 식용유에 튀긴 것으로 꿀을 곁들인다. 더덕에는 칼슘과 인이 풍부하게 들어 있고 인삼에 많은 사포닌 성분도 들어 있는 강장, 강정식품이다.

● **재료 및 분량**

더덕 100g · 소금 약간 · 찹쌀가루 1/3컵 · 식용유 3컵 · 설탕(또는 꿀) 1큰술

● **만드는 법**

1 더덕은 껍질을 벗겨 길이로 반 갈라 방망이로 살살 두들겨 소금물에 담근다.

2 찹쌀은 불려서 물기를 뺀 후 가루로 빻아 소금간을 하여 체에 내린다.

3 소금물에 담갔던 더덕을 건져 물기를 제거한 뒤 앞뒤로 골고루 찹쌀가루를 꼭꼭 눌러가며 묻힌다.

4 160℃의 튀김기름에 **3**을 넣어 바삭하게 튀긴다.

5 튀긴 더덕을 그릇에 담고 설탕이나 꿀을 곁들여 낸다.

연근부각

연근은 녹말로서 무기질과 식이섬유 등이 풍부해 피부를 건강하게 하고 콜레스테롤을 저하시키는 데 도움을 준다. 특히 다른 뿌리식물에 비해 항산화작용과 항암작용을 하는 비타민 C가 많으며, 항암 성분으로 알려진 폴리페놀도 함유하고 있다.

● 재료 및 분량

연근 200g • 식초 2큰술 • 소금 1/2큰술 • 식용유 3컵

● 만드는 법

1 연근은 작은 것으로 골라 껍질을 벗기고 얇게 썰어 씻은 뒤 물에 식초와 소금을 넣고 담가둔다.

2 찜기에 물을 넣고 김이 오르면 연근을 넣은 뒤 살짝 찐다.

3 채반에 펴서 널어 바삭하게 건조시킨다.

4 140℃의 기름에 짙은 색이 나지 않도록 튀겨 낸다.

육포

육포는 쇠고기를 양념하여 얇게 펴서 말린 식품으로 문헌상으로는 『삼국사기』「신라본기」 신문왕 3년의 폐백품목에서 처음으로 나타난다. 귀한 식품이었기 때문에 특정계층에서 만들었고 귀한 손님에게 대접하는 술안주나 다과용, 특히 폐백용으로 이용되었다.

● 재료 및 분량

홍두깨살 4kg • 청주 3컵

✿ 야채즙 2컵
양파 1개 • 마늘 10개 • 배 1/2개 • 청양고추 5개

✿ 육포양념
간장 3컵 • 설탕 1/2컵 • 꿀 1컵 • 물엿 3컵 • 후춧가루 2작은술
참기름 1/2컵

● 만드는 법

1 홍두깨살은 결대로 0.6cm 두께로 썰어 기름을 떼고 청주를 뿌려서 채반에 건져 핏물을 뺀다.

2 양파, 마늘, 배, 청양고추를 갈아서 체에 걸러 야채즙을 낸다.

3 간장, 설탕, 꿀, 물엿, 후춧가루, 야채즙을 넣고 끓으면 불을 끈 뒤 참기름을 넣고 식으면 고기를 넣어 간이 배도록 5~6시간 정도 둔다.

4 충분히 간이 들면 채반에 건져 결대로 펴서 말린다. 2~3회 뒤집어준다.

5 바싹 마르기 전에 걷어서 편평한 곳에 한지를 깔고 말린 포를 잘 손질하여 차곡차곡 쌓아서 도마를 얹고 무거운 것으로 눌러서 하룻밤 두었다가 다시 채반에 펴놓아 말린 다음 기름종이나 비닐종이에 싸서 냉동실에 보관한다.

6 먹을 때 육포의 양면에 참기름을 고루 발라 석쇠에 얹어 앞뒤를 살짝 구운 뒤 썰어서 잣, 호박정과, 사과정과 등을 이용하여 고명을 한다.

곶감쌈

곶감의 씨를 빼고 속껍질 벗긴 호두를 넣어 돌돌 말아 썰어서 수정과에 넣거나 건구절판에 담아 폐백음식, 이바지음식, 술안주로 많이 이용한다.

● 재료 및 분량

곶감 6개 · 호두 12개 · 꿀 약간

● 만드는 법

1 곶감은 말랑말랑한 것으로 준비해 한쪽만 갈라서 씨를 뺀다.

2 호두는 뜨거운 물에 불려 떫은맛을 뺀 후 속껍질과 심을 제거한다.

3 곶감을 반듯하게 편 뒤 꿀을 바르고 호두를 넣은 다음 꼭꼭 말아 끝을 잘 아물린 후 0.4cm 두께로 썬다.

건구절판

아홉 칸으로 나누어진 목기에 아홉 가지 재료를 담아 구절판이라고 한다. 대추초, 밤초, 율란, 생란, 조란, 육포, 다식 등을 주로 담는다. 교자상이나 주안상을 화려하게 꾸며주고 폐백 때 안주로 이용되기도 한다.

● 재료 및 분량

잣 100g ・ 솔잎 약간 ・ 붉은 실 약간 ・ 주머니 곶감 3개 ・ 식용유 약간
둥근 곶감 3개 ・ 잣 약간 ・ 은행 60알 ・ 소금 약간 ・ 육포 150g
호두 200g ・ 밤 10개 ・ 설탕 5큰술 ・ 소금 약간 ・ 꿀 2큰술
생땅콩 200g ・ 대추 20개 ・ 잣 50g

● 만드는 법

1 잣은 솔잎에 끼워 5개 정도를 한 다발로 붉은 실로 묶는다.
2 곶감은 씨를 빼고 가운데를 벌려 호두를 넣고 말아서 썬다.
3 곶감은 4등분하여 가위집을 넣고 비틀어 칼집 사이에 잣을 박는다.

4 은행은 볶으면서 소금으로 간을 하고 껍질을 벗겨 담는다.
5 육포는 둥글게 썰어 꿀을 바르고 잣을 붙인다.
6 호두는 물엿, 설탕, 물을 넣고 조려서 실선이 생기면 식용유에 넣고 황금 갈색이 나게 튀겨 낸다.

7 밤은 껍질을 벗겨 밤이 잠길 정도의 물을 붓고 설탕을 넣어 서서히 조린 뒤 마지막에 꿀을 넣고 버무려 낸다.
8 생땅콩은 살짝 데친 후 설탕, 물을 넣고 저어가며 조린다.
9 대추는 씨를 빼고 대추 안쪽에 잣을 채워서 원래 모양을 만들고 꿀, 계핏가루, 물을 넣고 약불에서 윤기가 날 때까지 서서히 조린다.

수삼정과구절판

인삼은 꿀에 재우거나 조려서 먹는 귀한 기호식품으로 강장제의 약
재로 널리 쓰인다.

● 재료 및 분량

굵은 수삼 1.2kg · 잣 200g · 설탕 600g · 물엿 300g

● 만드는 법

1 수삼의 껍질은 칼등으로 살살 긁어 깨끗이 씻는다.

2 수삼은 구절판 길이에 맞추어 길이로 자르고 0.2mm 두께로 편을 썬다.

3 수삼은 어슷하게 0.2cm 두께의 편을 썰어 작은 꽃모양 틀로 찍어 낸다.

4 수삼은 둥글게 0.2m 두께로 편으로 썰어 작은 꽃 모양틀로 찍어 낸다.

5 수삼은 세로로 길게 0.2m 두께로 편으로 썰어 가위집을 넣고 둥글게
말아서 장미꽃이 되도록 한다.

6 썰고 남은 자투리는 다져둔다.

7 각각 다르게 썬 수삼을 각각 다른 냄비에 담고 물과 설탕을 2 : 1의 비
율로 자작하게 넣고 끓인다.

8 어느 정도 조려지면 물엿을 넣고 서서히 조린 후 불을 끄고 2~3회 당
침을 한다.

9 체에 밭쳐두고 사각쟁반에 설탕을 깔고 담아서 말린다.

10 각각 고명을 하고 다진 수삼정과는 동그랗게 말아서 대추채, 잣가루에
굴려 낸다.

11 사과정과와 호박정과도 같이 담는다.

Ⅲ 음청류

수정과

수정과에 들어가는 계피는 소화기계의 질환을 다스려주고 추운 겨울에 손발이 차고 저린 순환장애에 효과가 있다. 생강과 계피를 한 그릇에 넣고 끓이면 상대편의 향미를 감소시켜 맛이 싱거워지므로 따로따로 끓여서 둘을 합하여 쓴다.

● 재료 및 분량

곶감 10개 · 생강 50g · 통계피 30g · 황설탕 1/2컵 · 흰설탕 1/2컵
호두 10개

● 만드는 법

1 생강은 껍질을 벗긴 뒤 얇게 저며 물 6컵을 붓고 중불에서 끓여 체에 거른다.

2 통계피는 물 6컵을 붓고 끓여서 고운체에 거른 후 생강물과 합하여 설탕을 넣고 10분 정도 끓여서 식힌다.

3 곶감은 꼭지를 떼고 넓게 펴서 씨를 빼고 속껍질을 벗긴 호두에 물엿을 발라 곶감에 놓고 말아서 0.8cm 두께로 썬다.

4 수정과 국물에 곶감쌈을 넣는다.

식혜

우리나라 대표적인 기호성 음료로 엿기름가루를 우려낸 물에 밥을
삭혀서 만든다. 달콤한 맛과 생강의 향이 일품인 우리 고유의 전통
음료이다. 식혜는 음식을 배불리 먹은 뒤에 마시면 소화가 잘되어
명절이나 생일, 잔칫날, 다과상 등에 잘 어울리는 음료이다.

● 재료 및 분량

엿기름 4컵 · 멥쌀 5컵 · 생강 1톨 · 설탕 3컵

● 만드는 법

1 엿기름가루를 주머니에 넣고 따뜻한 물에 담가 주물러서 물이 우러나
면 가라앉힌다.

2 멥쌀은 깨끗하게 씻어 건진 뒤 찌거나 된밥을 짓는다.

3 엿기름물에 설탕 1컵과 밥을 넣고 보온밥통에 4~5시간 둔다.

4 밥알이 3~4알 떠오르고 밥알이 속이 없이 잘 삭았을 때 밥알을 건져
서 냉수에 헹군다.

5 당화된 엿기름물에 남은 설탕과 생강을 넣고 끓여서 식힌다.

안동식혜

안동 지방의 겨울철 향토음식으로 찹쌀 고두밥에 고운 고춧가루, 무채, 밤채, 생강채를 넣고 고루 섞은 다음 엿기름물을 붓고 따뜻한 곳에서 발효시켜 만든 음료로 무식혜라고도 한다. 식혜의 단맛과 무와 생강, 고춧가루의 매운맛이 함께 조화를 이루어 약간 걸쭉하고 톡 쏘는 듯한 독특한 맛을 낸다.

● 재료 및 분량

찹쌀 3컵 · 엿기름가루 3컵 · 고운 고춧가루 1컵 · 무 1/2개 · 물 30컵
밤채 1컵 · 생강 3쪽 · 잣 3큰술

● 만드는 법

1 찹쌀은 깨끗이 씻어 물에 충분히 불려 고두밥을 찐다.

2 고운 엿기름가루는 미지근한 물에 담가 불려 주무른다.

3 체에 밭쳐 건지는 꼭 짜서 버린다.

4 국물은 가라앉혀 맑은 윗물을 따라 놓는다.

5 무는 4~5cm 길이로 채를 썰고, 밤, 생강도 채를 썬다.

6 무채에 고춧가루, 밤채, 생강채를 섞고 고두밥도 넣고 섞는다.

7 엿기름물을 따라 붓고 다시 고루 섞어 단지에 담은 뒤 뚜껑을 덮어 따뜻한 곳에서 발효시킨다.

8 잘 발효된 식혜를 그릇에 담고 잣을 띄워 낸다.

배숙

생강을 끓인 물에 설탕과 배를 넣어 배가 익을 때까지 서서히 끓인 다음 화채그릇에 담고 잣을 띄운다. 민간에는 전해지지 않았던 궁중에서 만들던 음료이다.

● 재료 및 분량

배(중) 1/4개 • 통후추 15개 • 생강 15g • 황설탕 30g • 잣 3개 • 흰설탕 20g

● 만드는 법

1 생강을 깨끗이 손질하여 얇게 저민 후 물을 붓고 끓여 생강의 맛이 우러나면 면보에 거른다.

2 배는 길이로 3등분하여 껍질과 속을 말끔히 제거한 후 모서리의 각진 부분을 다듬어 등 쪽에 통후추를 일정한 간격으로 깊이 박는다.

3 생강국물에 설탕을 알맞게 넣고 모양 낸 배를 넣어 투명하게 익힌다.

4 배는 건져서 그릇에 담고 국물은 차게 식혀서 붓는다.

5 잣은 고깔을 제거한 후 국물에 띄워 낸다.

오미자화채

오미자를 하룻밤 물에 담가두어 색이 곱게 우러나면 설탕이나 꿀을 넣는다. 달고 시며 맵고 떫으며 쓴맛이 난다고 하여 오미자라고 하며 유기산이 많아 신맛이 강하며 오장육부를 튼튼하게 하는 기능이 있다.

● 재료 및 분량

오미자즙 1컵 · 설탕 2컵 · 꿀 5큰술 · 생수 1.2 ℓ · 배 또는 꽃 약간

● 만드는 법

1 물을 끓여 식히거나 생수를 준비한다.

2 깨끗이 씻은 오미자에 물을 자작하게 붓고 하루 동안 우려 면보자기에 밭친다.

3 우려낸 오미자즙에 설탕, 꿀, 물을 넣고 젓는다.

4 배를 꽃모양 틀에 찍어 화채에 띄우거나 꽃을 띄운다.

대추차

대추차는 당질과 비타민 A · B$_1$ · B$_2$가 상당량 들어 있어 예로부터 건강차로 애용되어 왔으며, 신경쇠약 · 빈혈증 · 식욕부진 · 무기력, 그 밖에 피부를 윤택하게 하는 데 효과가 있다.

● 재료 및 분량

대추 30개 · 물 9컵 · 꿀(또는 설탕) 2큰술

● 만드는 법

1 대추를 깨끗이 씻어 두꺼운 냄비에 넣고 물을 붓고 끓인다.

2 끓으면 약한 불로 낮추어 처음에 부었던 물의 양이 2/3 정도로 줄어들 때까지 은근히 끓인다.

3 대추를 건져 체에 가볍게 문지르면서 씨와 껍질을 골라내어 버린다.

4 체에 밭친 대추 과육과 끓인 물을 섞고 줄어든 물의 분량만큼 다시 물을 부어 꿀이나 설탕을 가미하여 다시 끓인다.

5 약한 불에서 2시간 정도 달여 진한 대추차를 만들어 마신다.

보리수단

푹 삶은 보리쌀에 녹두녹말을 묻혀 끓는 물에 삶아 건져서 물에 헹구는 과정을 여러 번 반복하여 통통하고 투명하게 옷을 입힌 보리쌀알을 오미자 국물에 띄운 것으로 여름철에 잘 어울리는 보석처럼 느껴지는 전통음료이다.

● 재료 및 분량

오미자즙 1컵 · 설탕 2컵 · 꿀 5큰술 · 생수 1.2ℓ · 보리쌀 1큰술
녹말 1/3컵

● 만드는 법

1 물을 끓여 식히거나 생수를 준비한다.

2 깨끗이 씻은 오미자에 물을 자작하게 붓고 하루 동안 우려 면보자기에 밭친다.

3 우려낸 오미자즙에 설탕, 꿀, 물을 넣고 저어서 오미자 화채를 만든다.

4 보리쌀에 물을 붓고 보리밥을 한다.

5 보리밥에 녹말가루를 입혀 끓는 물에 넣고 익혀서 찬물에 헹구는 과정을 3~4회 반복하여 석류알처럼 입자가 크고 투명해지게 한다.

6 오미자 화채에 보리알을 넣는다.

매실차

당분을 함유하고 사과산, 구연산, 호박산, 주석산 등 유기산이 많이 들어 있어 피로회복과 식욕을 돋우는 효과가 있다.

● 재료 및 분량

매실 1kg · 황설탕 1kg

● 만드는 법

1 매실은 6월 하순에 구입하여 씻어서 물기를 완전히 제거한 후 항아리를 소독하여 매실과 황설탕을 한 켜씩 뿌려가며 담는다.

2 15일 이후 설탕이 완전히 녹도록 저어서 밀봉하여 100일(3개월)간 둔다.

3 숙성되면 체에 밭쳐 매실액을 병에 담아 바람이 잘 통하는 서늘한 곳에 둔다.

4 물 1컵에 매실액 2큰술을 넣고 저어 마신다.

원소병

찹쌀가루에 여러 가지 색을 넣고 반죽하여 소를 넣고 동그랗게 빚어서 삶아 낸 다음 꿀물에 띄워 낸다. 꿀물 속에 잠겨 있는 원소병이 보기에 아름다우며 하나씩 건져서 씹는 맛이 일품이다.

● 재료 및 분량

찹쌀가루 2컵 · 소금 약간 · 치자 2개 · 오미자 30g · 시금치즙 10g
녹말가루 1/3컵 · 잣 1큰술

❀ 소
대추 10개 · 꿀 1큰술 · 유자청 건지 3큰술 · 귤병 2큰술

❀ 꿀물
꿀 1컵 · 물 5컵

● 만드는 법

1 찹쌀가루에 소금을 약간 넣고 체에 내려 4등분한다.

2 각각의 찹쌀가루에 치자물, 오미자물, 시금치즙을 넣고 잘 비빈 후 찬물로 반죽하여 노랑, 분홍, 초록, 흰색의 반죽을 만든다.

3 대추는 씨를 발라 낸 다음 살을 다지고 귤병과 유자도 다져서 섞은 뒤 소를 만든다.

4 준비한 반죽에 소를 넣고 직경 2cm 정도의 크기로 동그랗게 빚는다.

5 녹말가루를 씌워 끓는 물에 삶아 찬물에 한 번 헹군 다음 건져 물기를 뺀다.

6 화채그릇에 색색으로 담고 꿀물을 부은 다음 잣을 띄워 낸다.

생강차

생강은 여러 요리에 향신료로 사용되고 설탕에 절여 과자처럼 만들어 먹기도 한다. 소화불량 · 설사 · 구토에 효과가 있고 혈액순환을 촉진하며 해열작용을 하고 주로 감기에 걸렸을 때 좋다.

● 재료 및 분량

생강 100g · 황설탕 1컵 · 물 1컵

● 만드는 법

1 생강은 껍질을 모두 벗기고 씻어서 얇게 저민다.

2 냄비에 황설탕과 물을 넣어 젓지 말고 끓여 시럽을 만들어 식힌다.

3 밀폐용기에 저민 생강을 모두 넣고 식힌 시럽을 부어서 시원한 곳에 2주간 둔다.

4 생강의 맛이 우러나면 뜨거운 물을 끓여 생강시럽을 두 스푼 정도 타서 마신다.

모과차

모과는 껍질을 벗기고 씨를 발라 얇게 썬 다음 설탕이나 꿀에 재워
서 모과청을 만든다.

● 재료 및 분량

모과 10개(2.5kg) · 설탕 2.5kg

❀ **시럽 1컵**

설탕 1컵 · 물 1컵 · 꿀 1큰술

● 만드는 법

1 잘 익은 모과를 깨끗이 씻어 물기를 제거하고 길이로 4등분하여 씨 부
분을 도려내고 납작하게 썬다.

2 모과를 일부분 설탕에 버무려 병에 눌러 담고 남은 설탕으로 위를 덮
어둔다.

3 냄비에 설탕과 물을 동량으로 넣은 뒤 젓지 말고 끓여 설탕이 녹으면
꿀을 넣고 약한 불에서 10분 정도 끓여 식힌다.

4 2~3일 후 모과에 시럽을 붓고 위로 뜨지 않도록 하여 저장한다.

5 먹을 때마다 당절임한 모과를 떠서 물을 넣고 중불에서 끓여 모과 맛
이 우러나면 찻잔에 담아 낸다.

송화밀수

송홧가루를 꿀물에 타서 솔잎향이 은은하게 나는 여름철 화채이다. 송화에는 칼슘과 콜린이 많이 함유되어 있어 고혈압, 동맥경화, 혈액순환, 피부미용, 노화방지에 도움을 준다.

● 재료 및 분량

송홧가루 3큰술 · 물 2컵 · 꿀 4큰술

● 만드는 법

1 송홧가루는 6월 상순 송화가 피어날 때 따서 3~4일 말린 후 털어서 물이 담긴 그릇에 넣고 3일간 물을 자주 갈아주어 쓴맛을 우려내고 고운 대발 위에 면보자기를 깔고 말린다.

2 물을 끓여서 식힌 후 꿀을 타서 단맛을 맞춘다.

3 꿀물에 송홧가루를 넣고 푼다.

유자차

유자를 깨끗이 씻어 물기를 닦고 썬 다음 설탕이나 꿀에 재워서 차와 떡에 사용한다. 비타민 C의 함량이 많아 특히 감기 예방에 좋다.

● **재료 및 분량**

유자 10개 · 설탕 3컵

❀ **설탕시럽**

설탕 3컵 · 물 3컵

● **만드는 법**

1 껍질이 울퉁불퉁하고 진한 오렌지색을 띠는 유자를 구입하여 껍질째 깨끗이 씻어서 물기를 잘 닦는다.

2 유자를 4등분하여 속 알맹이를 떠낸 후 따로 분리하여 씨는 버리고 껍질은 가늘게 채를 썬다.

3 냄비에 설탕과 물을 동량으로 붓고 반이 될 때까지 조려서 시럽을 만든다.

4 속과 껍질을 따로 그릇에 담아 설탕을 각각 1½컵씩 넣고 버무린다.

5 병 2개를 준비하여 각각의 병에 설탕에 버무린 껍질과 속 알맹이를 꾹꾹 눌러 담고 설탕시럽을 찰랑하게 부은 후 뚜껑을 꼭 덮어 서늘한 곳에 저장한다.

6 일주일 후부터 먹을 수 있으며 속 알맹이는 찬물에 넣고 끓여 체에 걸러서 잔에 따르고 껍질은 띄워서 낸다.

유자청

유자 속을 꺼내어 밤, 대추, 석이와 고루 섞어 다시 유자 속을 채워 넣고 실로 묶어서 시럽에 재워두었다가 제철이 될 때까지 두고 먹으면 피로회복이나 숙취에 효과가 있다.

● 재료 및 분량

유자 1개 ・ 밤 2개 ・ 대추 3개 ・ 석이버섯 2g ・ 설탕 2큰술

✿ 설탕시럽
물 1컵 ・ 설탕 1/2컵 ・ 소금 약간

● 만드는 법

1 유자를 깨끗이 씻어 끓는 소금물에 넣었다가 바로 건져 찬물에 식힌다.

2 대추는 젖은 행주로 닦아서 씨를 빼고 곱게 채를 썬다.

3 밤은 껍질을 벗기고 곱게 채를 썬다.

4 석이버섯은 불려서 손질을 하고 곱게 채를 썬다.

5 물과 설탕을 끓여서 시럽을 만들어 식힌다.

6 유자는 밑부분이 붙어 있도록 6등분하여 속을 꺼내서 씨를 발라 다진 후 대추채, 밤채, 석이버섯채, 설탕을 섞고 다시 유자껍질 안에 채워 실로 묶는다.

7 항아리에 담아 시럽을 붓고 무거운 것으로 누른 뒤 뚜껑을 덮어 시원한 곳에 둔다.

자소잎차

● 재료 및 분량

생자소잎 200g · 물 2.5ℓ · 꿀 1.5컵 · 레몬 7개

● 만드는 법

1 물이 끓으면 자소잎을 넣고 20분 정도 끓인다.

2 자소잎을 그대로 두고 붉은 물이 우러나도록 식힌다.

3 레몬즙을 짜서 넣는다.

4 고운체에 밭쳐 찌꺼기를 걸러주고 꿀을 섞는다.

녹차

● 재료 및 분량

차잎 11.25g · 물 5컵

● 만드는 법

1 주전자에 물을 끓여 수구에서 다관으로, 다관에서 다시 찻잔으로 부어 그릇을 덥혀 놓고 물 식히는 그릇에 새물을 부어 식힌다.

2 차 통에서 차 수저로 차를 1인당 1~2g 정도 꺼내어 다관에 넣고 70~80℃로 식힌 물을 다관에 붓는다.

3 다관에서 3분 정도 우려낸 다음 향긋한 향이 돌기 시작하면 차를 3번에 걸쳐 하석(자신의 잔)부터 따른다.

IV

후식 상차림

후식 상차림 ❸

■ 저자 소개

김덕희
대구보건대학교 호텔외식산업학부 교수
조리기능장
조리기능장, 산업기사, 기능사 감독위원
대한민국 조리명장 심사위원
저서
전통혼례음식(광문각)/떡·한과·음청류(백산출판사)
전통한국음식(형설)/한국음식의 맛(백산출판사)
한국음식메뉴용례(훈민사)/한식조리기능사실기(백산출판사)
조리기능장실기(백산출판사)/단체급식실무매뉴얼(백산출판사)
테이블&푸드스타일링(백산출판사)/Korean Food Styling(백산출판사)
한식조리산업기사 실기(백산출판사)
Fundamental Korean Cuisine(훈민사)

강시화
대구보건대학교 호텔외식산업학부 강사
대구여성회관 떡, 혼례음식 전문강사
(사)한국향토음식진흥원 선임연구원(이사)
한국산업기술검정원 기능사감독위원
저서
Korean Food Styling(백산출판사)

이여진
정화예술대학교 평생교육원 초빙교수
경희대학교 조리외식경영학과 석사
저서
흥미롭고 다양한 세계의 음식문화(광문각)
발효저장음식(백산출판사)

이인영
계명대학교 식품영양학과 학사
홈쿠킹 운영

한식 디저트

2015년 8월 30일 초판 1쇄 발행
2018년 1월 26일 초판 2쇄 발행

지은이 김덕희 · 강시화 · 이여진 · 이인영
펴낸이 진욱상
펴낸곳 백산출판사
교　정 성인숙
본문디자인 강정자
표지디자인 오정은

등　록 1974년 1월 9일 제406-1974-000001호
주　소 경기도 파주시 회동길 370(백산빌딩 3층)
전　화 02-914-1621(代)
팩　스 031-955-9911
이메일 edit@ibaeksan.kr
홈페이지 www.ibaeksan.kr

ISBN 979-11-5763-096-7
값 27,000원